〔美〕托马斯·科斯蒂根 —— 著　　魏玉保 —— 译　　郭振威 —— 审

黑客地球

地球工程
让我们
重新想象未来

湖南科学技术出版社

·长沙·

为什么我们不能？

* * *

"为什么我们不能？"这个问题一直困扰着我。我们为什么不能利用人类的创新能力和先进技术来重置大自然的进程？毕竟，我们已经深深地改变了大自然的面貌而且深受其害。这种改变主要从工业革命时期开始，我们将大量的二氧化碳排放到大气中，超过了大自然的吸收和存储能力。过量的碳排放意味着地球上的热量超额和全球气温升高，以及出现越来越多极端天气。自1980年至2018年，极端天气发生频率增加了一倍。全球变暖也意味着海洋正在扩展和上升，短短20年间全球海平面比之前上升了50%。全球变暖还意味着更多的旱灾和洪灾。现在的暴风雨及洪水频次，是40年前平均频次的4倍。加州经历了千年难遇的旱灾，同时经受了现代史上最具破坏性的林火。火灾中有大量的人员伤亡，林火波及的人口被迫搬家到其他地区。到2050年，多达10亿人将成为环境难民。

减少或消除碳排放的方案并没有奏效，人类继续"超额"污染着大气。2016 年 9 月，我们突破了临界点：9 月应是全年中空气碳含量最低的月份，但大气中居然存在着浓度为 0.04% 的二氧化碳。相比其他季节，夏季的植被从大气中吸收了大量的碳，因此 9 月份空气中的碳含量最低才对。但是 2016 年有所不同，0.04% 的"天花板"变成了"地板"，我们突破了这一极限。这意味着在没有干预的情况下，全球变暖的影响在相当长的一段时间内可能是不可逆的。如果以当前的增速持续下去，到本世纪中叶全球温度将上升约 3℃，其后果是更多的极端天气出现，海平面升高，低洼地区居民被迫大规模移民，以及全球食物供给不足。高温甚至会完全摧毁亚马孙雨林，即地球的"肺"。亚马孙雨林每年从大气中吸收并储存了大量的碳，如果它消失了，气候变化的效应将成倍增加。

鉴于未来的环境恶化将成为新的现实，我们不得不选择更极端的方法来应对气候变化。

地球工程学可以被定义为"有意识地对影响地球气候的自然环境过程进行大规模干预，以抵消全球变暖的影响"。这就是我们所需要的"战斗"方法，假设我们有机会抵御住大自然的"报复"。

许多环保主义者，包括美国前副总统阿尔·戈尔（Al Gore），都反对这一做法。他和其他人士认为，我们干预气候是治标不治本，我们只是对付了环境问题所表现出的"症状"，而未解决人类环境困境的"病根"。一旦寄希望于地球工程，人们出于生活便利就会放弃当前的节能减排行动。他们担心人们预防性的环保行动——例如减少使用化石燃料的做法将会消失，社会将寄希望于未经证实的

前 言 | 003

策略。但是美国国家科学院认为，探索地球工程的潜力并资助这类研究是必要的。

一些有远见的人士，像英国维珍集团的理查德·布兰森（Richard Branson）爵士，美国太空探索技术公司（SpaceX）的埃隆·马斯克（Elon Musk），微软前总裁比尔·盖茨（Bill Gates）等人认为，如果认真负责地干预气候，就会利大于弊。我认同这一看法。本书探讨了地球工程的各种方法，以及如何更好地管理人类赖以生存的自然要素，这些要素包括陆地、海洋、淡水和食物资源，等等。

多年来我持有这样的想法：众人拾柴火焰高。如果普罗大众能够从小事做起来拯救地球，我们最终就能成功。这个想法在我 2007 年的著作《绿皮书：一次一小步拯救地球的日常指南》（*The Green Book：The Everyday Guide to Saving the Planet One Simple Step at a Time*）中也写到了。它给出了数百种人们日常可行的简单做法：减少浪费、降低能源消耗、节约用水等。

后来，在我的另一本书《你在这里：揭示我们的行为及其对地球环境的重要影响》（*You Are Here：Exposing the Vital Link Between What We Do and What That Does to Our Planet*）中，我探讨了当我们浪费资源、污染环境和过度消费时，我们如何影响到了全世界的人、环境和事物。本书呼吁进行更多的环保教育以培养环保意识，并解释了我们如何通过社会行为而彼此互相联结。但是几年后，我意识到作为环保行动者，我们所做的事情不太奏效。然后，我写了一本综合性的关于适应气候变化的书籍，一本教人如何应对极端环境变化的国家地理指南。

2016 年 9 月是我的另一个转折点。我的想法改变了：如果我们不能减缓全球变暖的速度，如果对气候变化预备不足，我们就不得不控制环境。

《黑客地球》这本书向我们展示了我们所处的世界是怎样的，以及预防性的工程能够实现的事情。再也不能听天由命了！我们必须善加利用人之为人，而迥异于地球上其他物种的那些特质：思考能力、创新能力、推理能力等来开拓未来。只有人类有能力反思并应对日益恶化的地球环境，未来才在我们自己手中。

但是这类运动在普罗大众当中是行不通的。我们现在该转移注意力来支持工业了，鼓励企业家、科学家和技术人员（创新者）最大限度地去努力、去发明、去开拓，去进行模式创新。没错，工业是造成人类全球变暖的主要原因，也必须靠工业自身来扭转局势并带头推动对气候的改善。

几十年来，环保主义者一直对气候变化的后果发出警报。这些行动旨在表达出公众的环保诉求，进而迫使企业改变其做法，实施那些对社会有利的气候政策和法规。但这是一个纸上谈兵式的弹球游戏，一种把球传来传去的小游戏。这种做法以环保教育为基础，激发了公众的行动，反过来又迫使企业进行变革，促使政府采取更好的环保政策。这类计划往往以失败告终。当然我们依然可以按下按钮并拉响警报，但是除非面对不可逆转的气候灾难，否则人类永远不会采取使气候变得宜人的措施。联合国政府间气候变化专门委员会（IPCC）认为，各国只有到 2030 年左右才会大规模采取行动，那时候社会各方面都将发生前所未有的变化。在过去的不同时代，一些有远见的人士迅速地改变了社会。现在，为应对气候变化人类需要这种先锋做法。

当年亨利·福特没有对马车主人们进行调查，也没有在制造汽车之前取得民众的共识。如果他这么做，人们会认为他疯了。想象一下，如果他这样说："你看，这是一台带轮子的机器，这将花费您一大笔钱，而且您需要经常给它加油。因此，还需要人事先去开采石油。然后，我们必须修建供汽车行驶的公路。汽车的行驶速度不会比您骑马快。为了批量生产汽车，我们还得修建大型工厂。"听起来很难吧？但他做到了，深深地转变了社会观念、城市规划、石油资源利用、劳动力市场，以及基础设施等。比尔·盖茨用个人计算机做了类似的事情。电话技术的出现使得人们随时可以交流，互联网技术让我们连接了彼此，越来越多的技术创新和个体需求让世界快速变化。

我们需要工程师、投资者和有远见的人进行彻底的"破坏"，以打破气候问题对我们的禁锢。我们需要即时可行的方案，即深邃的、有远见的、能改变世界的解决方案。

在接下来的篇幅中，您将看到这些方案的提供者。您会看到科学家和企业家们的作为，也会读到很多冒险家和活动家的故事。您将和我一起环游世界：从北极圈到撒哈拉沙漠，从美国南部沼泽到瑞士的地下实验室。我将拉开气候变化解决方案的帷幕，这些解决方案可以使我们避免对环境的严重污染并防止环境的进一步恶化。一些人担忧这些方案会带来道德风险：人们会由于新技术的出现而不再采取措施减轻污染和浪费。但我内心相信，把这些方案束之高阁或弃置一旁，也是对环境保护事业的巨大损害。这就是为什么我写这本书的原因，我想揭示什么是可能的。

我认为我们两方面都可以做到：降低我们的环境消耗，并投资于根本性的解决方案。这是重启地球的密码。我们应该赞同和支持那些创新者及其创新做法，而不是害怕或无视他们。他们是拯救者。

在玛丽·雪莱的《科学怪人》（*Frankenstein*）中，邪恶的是村民，而不是怪物。我们已经生活在类似"科学怪人"的处境中，但我们有机会做得更好。人类生存确实没有其他选择，我们已经没有回头路了。

我们必须继续前行……

黑客
地球

目录

— 第一部分 —
DI YI BUFEN

人类

天空　太空

第1章

雷神之锤

这里有着世界上最糟糕的天气：大风刮起来超过 322 千米/时，风力可以剥掉树皮；温度经常低于冰点；暴风雪；停电；大雾；雪崩；无处不在的冰溜子。

你或许以为这说的是远在南极的某个地方，或者是北极。但是，这些极其糟糕的天气就在离波士顿北边几小时车程的地方，或者在新罕布什尔州的华盛顿山上。

美洲原住民发现了华盛顿山上天气的变化无常，称之为 Agiocochook，意思是"神灵所在的地方"。美国第一个气象站就建在这儿。最近，这里记录到了地球上有史以来最大的风速，每小时 372 千米/时。

这座山峰的奇特位置及其特征是一系列异常天气的原因。

华盛顿山是美国东北部最高的山峰，有约 1917 米高。作为美国密西西比州以东最高的天然屏障，它阻挡了西来的大风。它靠近海岸，离海岸不到 1600 米，是低气压的汇聚之地。大风出现在这里的原因可能是：它位于大西洋气旋、墨西哥湾气旋和西北太平洋气旋三者的交汇中心。

◎激光避雷针

陡峭的西侧山峰挡住了阳光，在岩石和冰层之间投下了阴影，即使在晴天午后，人在山坡上也是痛苦难耐。雪片被不断吹落，大风使得山上的雪不可能堆积很多。

当夜幕降临在崎岖不平的悬崖上，提醒着人们有什么不祥的东西潜伏着：伟大的神灵或者你所看到的恶劣天气。

然而，世界上的恶劣天气不止在山上。极端天气四处出击，冲垮了海岸，淹没了平原，摧毁了城镇，留下焦土一片。几乎每天我们都能在新闻中看到这一类悲惨事件。

在过去的十多年里，一些强烈、致命的风暴和极端天气横扫了全球。热带气旋如 2017 年的飓风"艾尔玛"（Irma）刷新了风速纪录，成为破坏力巨大的风暴。

同样，冬季的天气也一直很恶劣。积累的降雪、严寒和冰冻也创下了新的世界纪录。在 2018 年，莫斯科的降雪量超过了以往任何时候。这很说明问题。

美国东北部和大西洋中部地区已开始为其每年不断增加的暴风雪编制新名词：大雪灾、大雪暴、大雪狼……奇怪的绰号不断在清单上延长。

百年难遇的大洪水每年都在发生，热浪和寒潮以前所未有的方式影响着人们的生活。2018 年 7 月中的一周，全球多地记录到了当地历史上的最高气温。

数十年来全球平均气温一直在上升。极冷的气温也没有因全球变暖而消失：2017—2018 年冬季，巨大的冷锋冰封了美国大部分地区，北极的寒流长驱直入到了南部的乔治亚州。此前几年，迈阿密和佛罗里达州的基韦斯特曾发布过霜冻预警。

极端天气正在成为新常态。

极端天气一直在地球上不断发生着，但是目前的情况不同以往，它们大多都是由人类引发的。这是人类造成的气候变化。气候变化意指有规律的天气结果，这种极端天气原来只存在于地球的局部区域，例如在华盛顿山上，然而现在遍布世界各地的人口聚居区。

全球变暖使得地表蒸发出更多的水蒸气，然后水蒸气又随着降雨和降雪从空气中释放下来。较温暖的气团与较冷的气团发生更激烈的混合，从而产生更强烈的龙卷风、飓风和各种形式的热带气旋。毋庸置疑，现在的风暴比过去的平均强度更高。从 30 年前开始，平均风速和降水量增加了 5%。这使得自然灾害更具破坏性，季节性变化更加明显。海洋也无法逃脱全球变暖的影响。温暖的海洋正在膨胀，上升的海平面培育着风暴潮与大风暴。

如果全球温度不受控制地继续升高，科学家们模拟出各种场景，看着非常吓人：加州会形成约 1609 米长的湖泊，大平原变得贫瘠，迈阿密将沉入海底，华盛顿山山顶的极端天气将更加多发。高温也将发挥威力：纽约市将成为疾病和酷暑的温床。这是一个反乌托邦的未来。

在瑞士，一个黑不溜秋的几乎隐藏在黑暗角落里的地下室，承载了一种应对环境危机的解决方法，也许是未来的希望。在这里，抵御极端天气的终极武器是一种细细的红色光线。

"这是一种大功率激光。"让·皮埃尔·沃尔夫指着光线解释道。他是一名中等身材的中年人，看起来并不像"雷神"——那种在北欧神话里可以用锤子控制闪电的神话人物；他也不像那些在法国出生，然后在瑞士成长为实验室怪才的物理学家。他的运动能力很强，所穿的靴子、灯芯绒裤子和滑雪衫使他看起来更像滑雪教练而不是理科教授，令人惊奇。他一直从事着研究工作，在欧洲最著名的科学技术机构之一洛桑联邦理工学院获得了物理学博士学位，然后先后去了耶鲁大学和法国、德国的大学任教。像多数科学家一样，他的研究跨越了不同的领域，光谱学就是其中之一。光谱学研究物质与电磁辐射之间的相互作用，被用于医学、机械、电路……甚至气象。经过多年的研究和实践，控制天气现在成了他的研究使命。如果沃尔夫的激光发明能够不负众望，那么就能够遏制住恶劣天气，为人类创造一个更加宜居的未来。

目前为止，恶名远扬的降雨化合物一直是人们控制天气的主要手段。例如，常见的是用碘化银喷洒到云层的方法来降雨。这些化合物通过飞机或火箭投放到云中。在云中化合物像细小的散弹一样散布开来，使水汽结合成冰晶，冰晶变得足够重就从天上掉下来。根据地面温度，冰晶在地表可能会变成雨、冰、雪或冰雹。

问题在于，用碘化银来做人工降雨并不总是有效，而且一旦喷洒，效果往往很难预测。20世纪50年代，英国军方一个代号为"Cumulus"的秘密降雨行动，让英国的一个乡村经受了暴雨，诱发的山洪淹死了 35 人。越南战争期间，美军在"胡志明小道"上用了相同的降雨技术，代号为"大力水手计划"，以期延长季风季节从而给越方造成洪水和泥石流。美军对这个任务的非正式口号是"制造泥土，而不是战争"。但是"大力水手计划"制造的降雨并不均衡，最终不得不被放弃。2008 年中国举办奥运会时，曾向北京周边的空域发射了超过 1000 枚含有造雨化合物的火箭，使北京提前下了雨从而达到"云转晴"的效果。开幕式那天的天气条件令人愉快，但人工影响天气的技术精准性还有待提高。

沃尔夫的激光是全新的天气控制技术。实际上，这项技术在实验室测试和现实中都能系统地、出色地达到效果。

他发明了一种比地球上所有核反应堆都强大的激光。它可以在云中制造闪电，穿过空气分子并制造雨水，或者反过来它可以穿透水分子并驱散降水。

整个设备只有一个台球桌那么大，它静静地待在日内瓦大学沃尔夫平时讲授物理学的地下室中。

沃尔夫一开始并没有想着发明一种制造或控制天气的设备。他的博士论文与激光技术有关，但是激光可以应用于各种场景：例如可以更换电视频道的遥控器，医疗影像设备，识别和杀死癌细胞的放疗仪器。2000 年，在日内瓦飞往罗马的航班上他有了现在这个研究方向的灵感。

当时沃尔夫乘坐的飞机冲进了雷阵雨中，飞机被闪电击中，还好有惊无险。然后他开始考虑如何使用激光技术将闪电阻挡在航线外。他知道，激光和闪电有很多相似点。它们都引导了能量释放的方向。是否可以用激光的能量将闪电引导到别的方向，又该如何实现呢？他很想知道。当然，这不是人类第一次寻求闪电的奥秘。

1752 年，本杰明·富兰克林（Benjamin Franklin）在雷雨天放风筝到高空，以了解大自然如何利用电力。富兰克林的实验启发了更多的研究，最终催生了我们今天的电力生产和传输系统。

但是，沃尔夫并不仅仅想捕捉闪电，他想控制它。这花费了不少时间，因为沃尔夫很快意识到，要想控制闪电，必须先学会制造闪电。这并不容易。闪电的瞬时温度比太阳表面还高。大闪电向云层中释放的能量相当于一百枚原子弹的能量。为此，他需要先制造出大量的能量，且能够让能量从地面延伸到数英里（1 英里 = 1.6 千米）高的云层中。如果不是纳秒激光的突破，沃尔夫的激光很难超越大自然的限制。沃尔夫成功的秘诀是快速脉冲。

尤塞恩·博尔特（Usain Bolt）的百米速度比地球上其他任何人都快，不到 10 秒就完成了。当然，他不能在马拉松中也跑那么快。但是在冲刺中，他可以很快弥补距离的差距。沃尔夫将类似的原理应用到激光器上，以获得与闪电规模相当的能量或力。他的激光器以每纳秒的脉冲频率制造出超强的能量。要知道，一般相机的快门速度只有千分之一秒。沃尔夫制造这些超快脉冲的原因是，激光的能量可以抵达天空深处，间歇地释放越来越高的脉冲，直到最后一个脉冲以相同的能量到达云层。大多数激光的不足之处在于光强会随着距离的增加而减弱。

沃尔夫在实验室中演练了激光的工作原理，桌子上是眼镜片大小的小镜子组成的激光装置。由于所有电路板都裸露在外，激光器看起来像没装外壳的计算机硬盘内部。他兴奋地谈论了产生出来的光脉冲以及让激光聚焦能量的钻石。钻石是能量的超导体。

在詹姆士·邦德的电影《永远的钻石》中，反派人物布洛费尔德用钻石制造了一种天基激光武器。情节当然荒谬，但其中的技术并非如此。钻石的晶体结构能够聚光，使光强呈指数级增加。沃尔夫使用一系列复杂的放大器将太阳般的力量引入到激光束中。在桌子上，激光束穿过小镜子组成的"迷宫"，然后到达钻石。在那里，激光突然从红色变成了蓝色。沃尔夫解释说，蓝色是激光最热的状态。这时候激光就可以从"枪管"中发射了。

"枪管"对准装有液体的密闭腔室，利用里面的液体模拟大气运动。腔室看着像一个小鱼缸。当激光爆射出来并击中目标即腔室内的液体时，开始出现薄雾团，雾团膨胀后收缩。微小的水滴四处浮动，相互附着，在眼前呈现出混沌而迷人的自然之舞。这就是云的形成过程。很快地，整个腔室都充满了雾气。

看起来很像棉花糖那样的蓬松物，又如长开的霉菌。

人工造云看似是一个特别令人敬畏的奇迹，但它是在受控的实验室环境中实现的。为了测试激光在现实中的效果，沃尔夫建造了一个集装箱大小的移动工作站。然后，他带着它来到了新墨西哥州的一个山顶，这是另一位美洲原住民神灵"居住"的地方，在这里他与神灵展开"战斗"（做实验）。

沃尔夫爬到该州最高的南鲍迪峰顶部，然后发射了激光。次日《每日科学》上刊登了标题为"人工闪电：激光首次触发雷雨中的电活动"的文章。文章中写道："作为一个科学研究话题，雷击研究可以追溯到本杰明·富兰克林时代，但仍未研究清楚。1970年以来，科学家通过将小型火箭射入雷云从而在空中引发雷电，小火箭带的长导线的一端固定在地面上，但通常只有50%的概率能够产生闪电。激光技术使该过程更省时、更高效且成本更低，并且有望开启许多新的应用领域。"

可以肯定的是，沃尔夫的实验获得了可喜的成功。

"是的，但是我们的目标是墙上这张漂亮照片所示意的：当中你会看到闪电从雷云起始，一直被向下引导到地面。"沃尔夫感叹道。

变通的办法是，沃尔夫和他的团队制作了一个云内闪电。在现场他可能没有拍摄到想要的快照，但是他的预期效果达到了，并且取得了更重要的成果：人类在大气层中复制了自然界最致命武器之一——闪电。那个实验有10年了，从那以后他进一步完善了这项技术。

激光可以改变已经存在于天空中的闪电的方向，消除可能的危险，保护雷云中的飞机。它可以通过产生降水的方式使云中的空气分子重新分布。或者在另外的设置下分解水分子并使东西保持干燥。未来他计划进行大规模生产，开发出足够小的激光避雷针，以便将它们安装到飞机、火车、建筑物或几乎任何容易受到雷电袭击的物体上。另外，也可以生产一种便携式激光站，以驱散雷云或制造降水。

因此，未来看起来可能像这样：装有激光避雷针的无人机在空中漫游，并像星球大战电影中的 R2-D2 中队一样向目标开火。到那时候北非的沙漠农业遍地开花，而西雅图和伦敦等阴冷的城市可以一年四季都有晴天。无论地球上哪个地方，居住条件都可以变得更加宜人。这得归功于沃尔夫的科学突破。

在实验室演示之后，沃尔夫关闭了激光器。它的"超能力"消失了，现在只散发出微弱的红色光芒。他轻轻按了下电灯开关，实验室一团漆黑，唯一可见的就是红色光芒，就像电影里"终结者"的眼睛，不断眨动，随时准备行动。

沃尔夫的梦想很大，对于激光器的功能开发有着宏伟的计划。他说，如果我们可以改变天气，我们就可以改变气候。季节的含义也将与之前大不一样。那些受困于生存环境的人们，例如穷人、弱势群体、饱受气候变化影响的人，这些人历来缺乏自然资源，但环境改善会带给他们一些资源，他们有机会享受繁荣生活。降雨技术可以为全球数十亿左右的沙漠居民提供淡水。这些人现在大多数没有足量、现成的饮用水，更不用说拥有农业和食品工业用的淡水。到本世纪末，全球人口预计将增加数十亿，除非我们能够在干旱地区进行耕种，否则粮食和自然资源将进一步短缺。激光天气干预技术可以帮助实现这一点。

2017 年南亚的特大洪水影响了 4100 万人，房屋、学校和医院被摧毁，道路、桥梁、铁路和机场遭到了严重破坏，成千上万的人逃往难民中心寻求食物、饮用水、住所和医疗救助。想象一下，如果激光可以改变夏季暴雨的季节模式，是否就可以避免这种灾难。一个很有破坏性的季风造成了这个悲剧。伴随着盛行风向的变化，季风的模式现在也变化了。夏天时，季风往往给印度及周边带来暴雨，而在冬天引发了干旱。激光技术可以打破季风带来的降雨周期。

这就是人工天气的力量。但是当我们开始"搞乱"天空时，怀疑论者只会看到麻烦而不是益处。科尔比学院的科学教授詹姆斯·弗莱明（James Fleming）写有一本关于气候控制的书《修理天空》（*Fixing the Sky*）。他认为，过去的天气干预技术曾引发致命的暴风雨和洪灾，这与地球工程期待的相反。他引用了被掩盖了数十年的英国"积云行动"，作为反对气候干预的人物，他并不孤单。在线团体和线下的活动家们一直在谴责这些技术。甚至联邦机构也对人工天气技术表示担忧——这项技术是否可能以意想不到的方式"惹恼自然"。

这让人想起民众对 HAARP 项目的偏激做法。HAARP 是美国军方在阿拉斯加州一个偏远设施中开展的高频极光研究项目。HAARP 项目的任务是研究电离层，这是一个无线电波能够在其中得到反射的大气层。多年以来，阴谋论者声称军方一直在用 HAARP 项目作为掩护以开发天气干预技术，或开发控制人们神智的武器。毋庸置疑，这两种说法都不靠谱。无论如何，HAARP 项目于 2014 年终止，但是有关天气干预技术的争议并没有平息。一个线上组织"地球工程观察"（Geoengineering Watch），网页号称有 3000 多万次的访问量，它靠经常性地谴责天气和气候工程而出名，网络文章标题诸如"对全球气候变化干预的大揭秘"和"对全人类发动天气战"等。该组织的日程往往提前数月就排好了，网页上可以看到警示"生物圈大破坏"等字样。毫无疑问，荒谬的指责将会一直困扰着现在和未来的天气调控者。

日内瓦大学的实验室外面刮起了寒风，雪花飞舞。午餐时间，沃尔夫在大学附近的一家餐厅请客，在座的还有几位同事和一名访客。除了面包、葡萄酒和面食之外，桌上有一本关于天气和地球工程学的书。"操控自然是对的吗？"有人指出，自农业革命以来这种情况就一直在发生，"将激光发射到云中是否有不可预期的后果？"其他人解释说，没有任何"人工物质"被添加到大气中，激光只是将自然界已有的天气"菜谱"加以改变。大家热烈地谈论着。显而易见的是，大家认为创新者和调控者可以改变气候。背后的问题是我们对地球造成了严重的污染且攫取过多，超出了其自净能力和生产能力，大自然不能有效地工作了。这甚至也超越了造物者的逻辑，违背了人类的伟大精神。

尽管如此，改变天气可能有助于解决气候危机，但并不能解决根本问题。天气是症状，而不是气候变化的原因。塑造一个适宜的气候，意味着要打赢一系列战争：降低碳排放，利用太阳能，以及应对人类其他活动的后果。

值得庆幸的是，人类是一个具有创造力的群体，世界各地都有像沃尔夫这样的先驱，他们致力于通过各种技术改变未来，使未来的生活变得更加美好。他们正在实验室中、地下深处、沙漠、偏远丛林甚至太空中开展着地球工程项目的研究。

他们是我们的同盟，可以为我们所有人创造一个更加良性的生态环境。当前的任务是支持他们，探究如何更科学地开展地球工程。

天河工程

青藏高原因为平均海拔 4000 米而被称为"世界屋脊"，它可能会成为地球上最大的天气实验站。可以设想将数千个"燃烧室"布置在那里。这些燃烧室释放出的化合物能够促进云层形成而诱发降水，项目发起者称其为"天河工程"。

天河造雨技术的燃烧室释放碘化银到空气中，当风将其带到云层中时，这些微粒就会激发降雨。据报道，一个燃烧室可以形成 4800 米长的厚云层带，因此需要布置数万个燃烧室。

中国研发的新技术使得燃烧室在氧气稀薄的高原也能燃烧。实时数据可以通过气象卫星网络获取和传输，该网络还能够监控极端天气。

这些燃烧室只有在风势合适时才发挥作用，风吹过山坡并产生上升气流，碘化物顺着这种风高升到云层中，这是人们的预期结果。碘化银的分子结构与冰相似，使得云中已有的小冰晶能够与之结合。当足够多的冰晶形成后它们会变重，并以降水（雨或雪）的形式降落到地表。

散发出化合物的燃烧室看起来就像一个高大的壁炉——下部是大肚子的炉灶，上部是一个高大的圆柱形的烟囱，每个成本大约 8000 美元并且可以使用数年。即使在超过 4877 米的高度以及在偏远又恶劣的环境中，也可以通过一个简单的智能手机应用程序来点火。

青藏高原绵延了几千千米。这一地区每年从冰川融水中获得的淡水越来越少，降雪量也越来越少，高原已经逐步成为一个干旱地区。因为高海拔地区的冷空气比低海拔地区的温暖空气所含的水分子少得多。

淡水短缺危及数百万人的生活，该地区几个国家的人口占

印度季风

青藏高原

燃烧室

◎天河工程

世界人口的一半，这里亟需人工天气技术。

2016 年，天河工程的实验在清华大学启动。中国政府加大了对这一工程的扶持力度，该工程将成为世界上最大的天气干预项目。如果可行，天河工程将使中国的年降雨量增加 7%。这个雨量还是非常大的，足以生成 3 倍于西班牙面积的年降雨量。

该项目将花费数年时间来实施，其副作用未知。批评者指出，如果在一个地区引发降水，那么它将降低另一个地区的降水量。

从目前的情况来看，这个高原对许多人来说是一个神圣的

地方；未来，天气干预技术将改变它的地貌，甚至演变出新的
气候。

飓风杀手

比尔·盖茨和一群科学家曾开发了阻止热带气
旋进入轨道的技术。

他们对该技术申请了专利。该技术可以化解掉
暴风雨的一部分能量来源：海洋中温暖的表层水。通过将温暖
的表层水汇入较冷的下层海水并让海水上下层不断循环，就可
以降低热带风暴的强度。

该技术所用的设备看起来非常简单：一个圆形的水槽加上
两个向下伸入海中的细管。波浪使水槽灌满了海水，温暖的海
水被一根管子吸入，为连着另一根管子的涡轮机提供了动力，
形成了一种冷水虹吸效应。

这种虹吸系统若能够充分降低周围的海面温度，就可以减
轻飓风的影响。要形成飓风，海水温度必须达到 27 ℃或以上。
通过显著地降低水温，暴风雨就缺乏了增长所需的能量。但是，
水温只是造成飓风的因素之一。

"实际过程始于在整个海洋表面移动的雷暴群。雷暴是发生
于热带和温带地区的局部强对流天气。当表层海水变暖时，暴
风雨会从水中吸收热能，就像吸管会吸收液体一样。这会增加

空气中的水汽。如果风力条件合适，风暴将增大成为飓风。热能是暴风雨的燃料；水越热空气中的水分就越多，这意味着飓风将越来越大。"史密森尼学会表示。该学会推动了面向公众和教师的海洋科学教育。

将局部温暖的海水变冷并不能保证其他地方不会形成暴风雨。热带风暴的中心直径可能会超过 160 千米宽。这意味着海洋冷却装置要覆盖很大的区域才会有效。尽管海洋学家承认挑战很大，但他们认为这种方法在理论上是可行的。

比尔·盖茨通过他的高智公司（Intelligent Ventures）参与了该项目。该公司的高管说，气候变化可能变得难以控制，减灾技术将作为备用技术，用以消除暴风雨和超级飓风等极端天气。

近年来飓风变得非常猛烈，并且预计越来越强，以至于一些科学家和气象员呼吁在衡量飓风的萨菲尔-辛普森风级（Saffir-Simpson）中增加一个强度等级：6 级。目前的定义下 5 级风标最大，风速达到每小时 253 千米或更快。若有 6 级，则可能定义为每小时 306 千米或更高的风速。

过多的碳排放加剧了海洋升温，就像空气升温一样。如果全球的碳排放消减计划持续失败并且海洋温度继续上升，比尔·盖茨的海洋冷却工程值得一试，从而将超级暴风雨阻断在袭击陆地之前。

第 2 章

地球的遮阳伞

官方记录地球上气温最高的地方是在美国加州死亡谷。

1913 年 7 月 10 日，加州熔炉溪的气象站记录到 56.7 ℃的高温。熔炉溪位于美国最大的国家公园死亡谷的中部。这个公园横跨加州和内华达州，谷中有北美大陆的海拔最低点——恶水盆地。

从海拔 3352.8 米的峰顶下来，进入山谷，直到低于海平面 86 米的盆地，这是令人毛骨悚然的。谷底给人一种浮在空中的幻觉：它是云还是湖或者冰川？只有当平坦的表面显露出来时，才能分辨出覆盖其上的是盐分。太阳光经过盐的反射，让人觉得眼前一片白茫茫的。盐的反射以及沙漠中的沙粒是盆地变得如此热的原因：它们将热量储藏起来，慢慢释放。

死亡谷极度干燥，天空中几乎没有云层遮挡阳光，阳光每天照射着熔炉溪及其所在的莫哈韦沙漠。阳光中的能量没有衰减，太阳能或热能被地表的盐、岩石、沙子和土壤吸收。其余的被反射或散射回空中。这种能量的垂直循环是热效应剧增的原因。

山谷的形状加剧了热量的积聚。这里地势低洼而狭窄，四周是陡峭的高山。热空气可以上升，但没有机会完全"逃脱"。山体在热空气消散之前就将其捕获，空气被输送回去继续循环。这就是空气不断升温的原因。

其实几千年前，死亡谷中存在着一个湖泊——曼利湖。现在依然可以看到山石上的吃水线，岩壁上的颜色预示着早先的湿润环境。绿色和蓝色是氯化物的痕迹；粉红色和紫色是锰的氧化物；红色和橙色是氧化铁。当时随着富含矿物质的湖水从下方冒出，湖泊沉积物中的化学反应也在不断地变化。

现在死亡谷尽是干燥的岩石、滚烫的沙子和银色的盐滩，还有一些起伏的沙丘。游客们爬到沙丘顶部，看着像一个个斑点。一系列的山峰高耸入云，山体的各段形色各异，有力地展示着地球的板块运动。不断移动的地球板块将矿物塑造成巨大的岩石。难以想象，在数百万年前的断层与填充的地质过程中，这些岩石组合成了山脉。当你站在山谷的中间，四处张望，阒无一人，只有一个念头回响着：这就是地球——纯净、纯粹而令人敬畏的地球。

谷中沙石有红色、锈色和褐色的，色彩纷呈，美不胜收，以至于公园管理者将其描述为"艺术家的调色板"。沙地区域覆盖着深色土壤，像是提拉米苏上的黑巧克力。绵延不绝的白色延伸到地平线的远方，那是盐湖。热气在前方形成肉眼可见的热浪，模糊了地表可见的各种线条，与万里无云的蓝天形成鲜明对比。

你可能会认为，公园管理者至少会在熔炉溪这个地方放置一块牌匾或其他东西，指示这里曾记录到地球上的最高气温。但是没有。曾经的 1913 年的气象站变成了现在的格陵兰牧场游客中心。在它附近有一个装备着新型测量装置的现代气象站。该站 2013 年曾记录到 54 ℃的气温。该读数与 2016 年在科威特的米特里巴，以及 2017 年在伊朗的阿瓦士的读数利用了相同的现代测温技术，因此许多人认为这些数值比较可靠。现代气象站使用更精确的测量方法，在某些情况下还使用数字化的温度计、雨量计、风向标、风速计、气压计和湿度计。

卫星读数也可以提供气温记录。例如，2008 年中国新疆的火焰山记录到一个 66.8 ℃的值，2005 年伊朗卢特沙漠的记录是 70.7 ℃，2003 年澳大利亚昆士兰州的记录是 69.3 ℃。但是世界气象组织作为气温记录的官方管理者，不承认卫星的测量结果，只承认在实地的温度计读数。因此在目前得到认证的范围内，还没有地方可以打破 1913 年熔炉溪的气温纪录。

世界气象组织也承认："气象史学家质疑许多气象站在殖民

地时期的气温记录，及其同一地点的现代记录的准确性。"但是，截止到本书撰写时，熔炉溪的世界气温纪录作为"第一"是被公认的。

毋庸置疑的是，全世界的温室效应正在增加。2001 年以来，有 18 个年份被评为最温暖的年份。难熬的热浪席卷了北美、欧洲、亚洲。2015 年，印度的一次热浪袭击造成两千多人死亡。2018 年 7 月，日本有 1500 人由于中暑而住院，6 人死亡。同一月份，一场大范围的热浪打破了北美的气温纪录。政府向 8000 万人发布了防暑建议和预警。酷暑中加拿大死亡了数十人，美国东北部也有数人死亡。

热浪是一种静态化的热空气。它不会像风一样四处流动，而是保持在原地，不断地被太阳烘烤。气压的高压系统将空气压向地面，阻止空气向上循环，就像死亡谷中的情况一样。从技术上讲，热浪的定义是，这一气象现象引起了持续两天两夜或更长时间的高温。

随着越来越多的太阳能量被诸如二氧化碳之类的温室气体锁定在大气中，温度升高的幅度也越来越大，热浪也就变得越来越多发。由于不能足够快地降低温室气体的排放，预计热浪的持续时间将会延长并变得更加频繁。中暑、热病或脱水与热浪密切相关。这些健康问题迫使世界各地的大中城市寻求根本性的解决方案。

反光材料已经被用在基础设施中，以降低局部温度；植树造林以遮阴。中暑预警作为政府的一项公共服务，越来越多地被发布。联合国认为，"如果人类继续增加温室气体的排放量，那么到 21 世纪末，地球表层大气的平均温度可能会升高 4 ℃"。

与过去相比，过多的温室气体吸收了更多的太阳能量，从而截留了热量。当然，地球被"加热"的源头是太阳。

太阳不断向地球辐射着阳光，阳光里的能量变成热能。但是，如果我们在太阳的能量抵达地球之前就阻断它呢？就像无与伦比的比吉斯乐队（Bee Gees）唱的，我们是否可以阻断阳光照大地？有没有那么一个计划，听起来很奇妙、不可思议、看似牵强，就像科幻小说中的计划呢？真的有！

想象有一个可以遮阳的太空伞，它可以在太阳光到达地表前将其反射掉——一种随着地球转动而转动的镜面系统。太空伞可以调控到达地球上的热量，而无需过多考虑温室气体的影响。它可以即时冷却地球，将人们对全球变暖的关注点从地球转移到太空。我们可以在地球上控制太空伞，使其像卫星一样在太空中自主运行。

数十年来，科学家针对各种太空伞制定了许多计划：大型玻璃罩，月亮尘云，小雨伞组合，微型航天器等。所有这些发明，理论上都是将大型装置放置在拉格朗日点，即地球与太阳之间的重力相互抵消的地方。这样，这些物体就不会随意移动，他们靠太阳和地球的万有引力保持平衡。太空伞把来自太阳的辐射反射到"黑暗"的太空中。地球接收到的能量将减少，大气温度自然随之降低。

1990—2010 年，人们雄心勃勃地研究了这些太空项目。那时候，环保运动开始在全球范围内普及，阿尔·戈尔（曾任美国副总统）周游列国宣讲着他的环保理念——"难以忽视的真相"（*An Inconvenient Truth*），而实践低碳生活则成为一种时尚。人们的环保思想发生了根本性转变，生态化的解决方案也随之改变。当然，时代精神会影响到学术界，聪明的头脑开始思考一些解决全球变暖的有趣方法。例如，亚利桑那大学的天文学和光学教授罗杰·安吉尔博士被誉为世界上最杰出、最具胆识的工程师之一，他也在思考全球变暖的解决办法。他说，从2005 年开始他就着手研究一种新方法，从理论到实践应该都是可行的。

他与另一位天文学家西蒙·佩特·沃登博士合作，提出了达 1600 多千米宽的巨型太空伞的概念。这种巨伞用月球上的资源建造，具有多重结构。这是一种薄如丝的玻璃状可以自由飞行的太空伞。

太空伞将在太空中拉格朗日点附近的自由轨道工厂里组装。而玻璃将在月球上制造，并从月球投放至太阳与地球之间的拉格朗日点附近。"我们设想这个伞阵就像一个鱼群或鸟群，其定位控制系统主要由每个单元中的计算机组成，防止碰撞或自我遮蔽。同时还将使用像 GPS 这样的远程定位系统。"他们解释道。

100 亿个太空伞才能够形成一个足够大的阵列，假设每天部署 100 万个，那么需要持续 30 年。

"太空伞'陈列'需要 3 个主要的高科技模块，这些模块很可能得在地球上制造再发射到太空。第一个模块用于月球发射和在月球上生产原材料。其中包括机器人、电子设备、太阳能电池、电线、轴承、电动机和高温陶瓷，用于登月后的工厂装备以及将制造的物品从月球上发射出去的火箭。它还包括一些基础设施，为在月球上开展规模制造提供基础。"两位作者以手册的形式详细说明了所有这些内容，解释了该项目如何一步步被建造出来。2006 年夏季，他们的论文发表在美国国家航天学会的 *Ad Astra* 杂志上。

不过，安吉尔意识到该项目还存在一些实际问题，因此他自己做了迭代加以优化。这就是微型航天器组成的"遮阳云"。纳米级"薄板"将在发射前完全组装好，从而避免了重新建造或在太空中展开的麻烦，每片薄板的重量约为 1 克。安吉尔表示："在接下来的 25 年里开发和部署它似乎是可能的，成本可能高达数万亿美元。"

论文发表十多年后，安吉尔仍对这个宏大工程的可行性保持乐观态度。他说："发射器在物理学上是可行的，但整个项目的复杂性远远超出了人类现在的经验。""单个 1 克重的微型航天器比 2006 年时更接近现实！"

安吉尔在 2018 年秋季的一次讲话中发表了这一看法，当时改造气候和太空旅行都是大新闻。白宫在这个时候也想爆个大新闻，便宣布了美军新的太空部队计划。

尽管太空伞计划从未实现，但它们得到了学术界的大量关注。多家刊物发表了这方面的研究结果或见解。其中一篇论文引起了英国布里斯托大学气候科学教授丹·伦特（Dan Lunt）的关注。他在 2007 年决定着手围绕太空伞来研发气候模型。

伦特的专长是创建气候模型来检验假说。（他还创作了一个权力游戏，以更好地解释科学事件，这是另外一个故事。）无论如何，伦特解释说，他和同事们交流了安吉尔和沃登的文章，探讨了在太空中放置镜子的可能性及其对地球气候的影响。

"那时我的职业生涯处在比较放松的阶段，有时间研究自己感兴趣的课题；就是在那时，我建立了一个数据模型。"伦特在大学办公室里说。他现在沉浸在比较深刻的学术问题以及数百万年前的气候如何演变的话题中。

他的遮阳气候模型令人着迷，这与模型的最终结果无关。毫无疑问，遮阳伞可以降低全球温度，但会对地球上的生态产生严重影响，这一点众所周知。

"我们不知道会发生什么。"伦特说道。他在不同的冷却方案下进行了 3 次不同的模拟，计算到达地球的太阳辐射量分别减少多少。地球接收的平均太阳辐射量称为太阳常数。

太阳每时每刻都在向地球发出大量的辐射，例如，太阳一小时发出的辐射能量足以供给地球上一年的能源消耗。伦特发现需要减少 3.6% 的太阳辐射才能抵消全球二氧化碳排放量的增长。在过去的 200 年里二氧化碳排放量增长了 4 倍，人类活动造成了全球变暖。

通过模拟的形式"拨回时钟"，他能够还原出工业化前期的气候，至少就气温而言是比较准确的。

恢复到工业革命前大气中的碳含量，是环保主义者不断追求的目标。阿尔·戈尔在演讲中展示，过去 65 万年来释放到大气中的碳含量变化就像一个"曲棍球棒"。在大约 200 年前的工业革命前夕，二氧化碳水平相对稳定，在 0.018% ~ 0.029% 之间波动。20 世纪，随着各类机器的碳排放量激增，大气中二氧化碳的含量猛增到 0.04%，并且还在不断增长。

伦特发现，如果要部署太空伞，这是一项史无前例的大工程，耗资数万亿美元，耗时数十年。热带地区的海洋将显著地变冷，凉爽的热带海洋会进而让全球各地的温度变得凉爽。显然贯穿热带的赤道是接受太阳辐射能量的前哨，而太空伞会减少这些能量。但是伦特还发现，被太空伞反射掉部分太阳能量后，地表的能量将不成比例地重新分布。计算机模型可以看出这种异常：洋流模式受到干扰，极地温度受到严重影响，更多地方发生干旱。

太空伞使得太阳能量重新分布但过程变缓，北极地区的温度升高最多，而非洲南大西洋沿岸的温度下降幅度最大。他发现，太阳能量从赤道到两极的自然传输失去了平衡。

应当注意的是，地表接收的太阳辐射永远不会均匀，遮阳或没有遮阳大不相同。太阳辐射的能量取决于太阳的角度；由于赤道几乎垂直于太阳，所以相对于地球上其他区域，它接收的热量最多。而两极区域与太阳的夹角较大，因此它们接受的热量较少。简而言之，当热量抵达赤道后，就会借着洋流和气旋向北和向南扩散，随着远离赤道而逐渐冷却。一旦到达极点，气旋就会再次折回赤道方向，这种对流循环持续进行。

伦特还比较了两种情况：工业化前的世界和实施了地球工程的世界。他说："我们还发现了水文循环方面的重要差异，遮阳后的地球通常比工业化之前更干燥。"

伦特总结说，遮阳确实可以使地球变凉，但是异常天气将广泛发生，并且还有一些巨大的未知后果。因此他认为，在太空中开展地球工程是"一个疯狂的想法"。除了指出太空伞的理论应用之外，遮阳罩还会扰乱洋流模式，改变极地温度并造成干旱。建造太空伞并加以应用听起来令人生畏，且成本并不便宜：安吉尔和沃登计算出的花费是 3 万亿美元。

尽管成本高昂和情况复杂，但人们仍在编制太空制造方面的大型计划。最终能否实现太空伞工程依然不明确。

目前国际空间站已经拥有一个小型的加工厂，使用 3D 打印技术制造一些设备。加州的一家公司 Made In Space 正在探索使用"太空环境的独特特征"（如失重）来探索新方法，制造新器材。"走出地球世界"会带来新的发现。

无论航天制造业的发展前景如何，伦特依然对地球工程的未来持高度怀疑的态度。他说："可再生能源和脱碳技术正变得越来越便宜，我认为这就是未来所在。因此，就我个人观点来说，这是应该重点研究并加以投资的方向。"

对于备受追捧的太空伞工程，安吉尔放弃了继续研究的野心。安吉尔说："我权衡得失后认为应把时间花在应用光学和物理上，研究如何使太阳能的成本低于化石燃料，这会更好。从那以后我一直在做这个方向。最好的解决办法应该是降低二氧化碳的排放，而不是靠太空伞工程。"

太空伞工程的滞后效应是伦特最为担心的事情。其中包括动物的迁徙模式异常，异常的授粉周期以及不同寻常的季节变化等，这些变化会以多种方式改变生态系统。农业生产会受到威胁，反过来造成粮食危机。太阳伞工程不是电灯开关。伦特说："不是关闭开关就万事大吉了。"

其他科学家研究了如果地球温度突然改变会发生什么，他们发现可能会发生物种大灭绝。几乎所有生物都对生存环境敏感。即使稍微改变气候，就会造成灾难性的后果。例如，过去一个世纪以来的全球变暖，已经引起了第六次生物大灭绝。地质历史中已知的五次大灭绝事件依然有许多未解之谜，也带来了多种生命形式的演化。但是现在，我们正经历着自恐龙时代以来最快速度的物种灭绝过程。

地球上大约有 900 万种不同类型的生物。它们可以是微小的海洋生物，也可以是人类。不同类型的物种一直在灭绝，科学家把正常灭绝的速率称为本底率。通常，这意味着每年最多会减少5种生物。现在，我们每天都在失去数十个物种，这是历史上本底率的一万倍。有预测表明，如果这种情况持续下去，到本世纪中叶地球上所有物种将消失一半。

有些物种有时间适应人类造成的地球变暖。但是太空伞工程一旦实施就会剧烈地改变地球环境，到那时一些物种注定要经受灭顶之灾。

伦特正在进行的一项深度研究可能最能说明问题：通过太空伞工程减少太阳的能量会发生什么。他说："有趣的是，在过去几十亿年的地质历史中，太阳辐射的减少和高二氧化碳的结合一直存在，比如在5亿年前的寒武纪时期。因此，通过地球工程制造出的未来气候——一个遮阳的世界，将和寒武纪的世界相似。"

根据地质记录，当时的全球气温相对温和。实际上，北美洲那时候是热带。正是在寒武纪时期，地球上的大多数动物门一级的生物首次出现。寒武纪生物大爆发就是指那段时期出现了大量新的生命形式。但是一切看起来并不完美。寒武纪之后出现一个大冰期，学者们称之为第三次大灭绝事件。通俗地说，物种爆发和灭绝并没有定数。

在进行空间测试之前，对太阳辐射的各种干预方案的结果都只是理论上的。但是，当前对太空旅行的重视可能会使理论变为现实。毕竟，由于埃隆·马斯克（Elon Musk），有一辆汽车已经漂浮在太空中的某个地方。太空伞工程看来并没有那么奇怪。需要重视的是，一旦实施我们有可能失去无数个物种，包括人类自己。

移动地球

　地球若靠近太阳，温度就会太高，地球若离太阳太远又会把我们冻死。直到当今，地球在太阳系中的位置刚好适合地球上的生命繁衍生息。但是，若朝着某个方向轻推一下，就可以使地球降温到足以弥补全球变暖的程度。

英国广播公司（BBC）曾报道过一个设想：在太空中爆炸氢弹并推动地球离太阳足够远，以使地球冷却。仔细地分析下，这是行不通的：地球太大，而且转动速度太快，以至于即使引爆一百万枚氢弹也无法生成足够的距离。

美国航空航天局（NASA）的一些科学家仔细研究并提出了另外一项计划，该计划可以使地球远离太阳，若有必要的话。这个概念称为重力助推，我们目前已经用它改变过太空中卫星的轨道。这也是我们设法将太空探测器"旅行者 2 号"带到太阳系外围的方法，用以研究木星和土星。

重力助推利用了行星或太空中其他星体的重力来工作。当太空中的较小物体靠近行星时，它会陷入行星的重力场中。引力将较小的物体抛向前方，但是行星自身也发生了一些变化：反作用力使它稍微偏离了轨迹。小的物体承载的质量不足以改变行星的轨道，但是足够大的物体可以改变。

美国航空航天局加利福尼亚州艾姆斯研究中心的格雷格·劳克林（Greg Laughlin）博士和他的同事设计了一项计划，该计划可以将地球推向太空中一个凉爽的地方。他说，这并不复杂。

首先，工程师劫持一颗彗星或小行星，并将其引导至足够接近地球的位置，以使其掠过地球并将部分引力传递给我们。然后，小行星或彗星将被抛到太阳系的外围，在那里它将吸收更多的动能，然后像"飞去来器"一样返回地球。不断重复这一过程，经过足够多的动能传递，地球将被移动到远离太阳的轨道。瞧！凉爽的地球有了。

毫无疑问，我们需要弄清楚这是如何工作的。首先，如何劫持彗星或小行星？彗星和小行星相似，但星体的组成材料不同。2014 年，欧洲航天局曾将一架无人驾驶飞机降落在彗星上，证明有一定的可行性。在未来，人类计划发射更多的探测器到彗星和小行星上。因此，需要开发一种技术以捕捉这些漂浮在太空中的小型星体。接下来的问题是，如何驱动小行星到人们期待的地方？绑上火箭，至少这是劳克林等人的计划。当然，你也可以让火箭的驱动方向对准地球。

失败的危险是：如果计算错误并且小行星坠入地球的大气

层，那么生物圈中剩下的唯一生物可能就是细菌。

即使重力助推在推动行星方面起作用，也将产生大范围的影响。月亮将被甩掉，地球失去月亮，自转速度加快，这意味着每天可能只有 8 小时。地表的风速将急剧增加，因为它们的移动方向将与行星的自转方式一致。每天会有时速超过 160 千米的大风。这将引发飓风和台风，飓风和台风进而转变成特大风暴。这时树木被刮倒，潮汐将变缓，海洋生物赖以生存的矿物质将不足。随着时间的推移，生物演化结束了。到了这一步为时已晚。

殖民月球

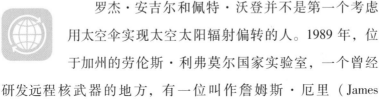
罗杰·安吉尔和佩特·沃登并不是第一个考虑用太空伞实现太空太阳辐射偏转的人。1989 年，位于加州的劳伦斯·利弗莫尔国家实验室，一个曾经研发远程核武器的地方，有一位叫作詹姆斯·厄里（James Early）的科学家提出了一种设想：用月球岩石等月球上的原料建造薄型玻璃，然后投放到太阳与地球之间的拉格朗日点附近，形成太空伞阵列。

人们设想了这个方案的产物：预计它的宽度应为 2000 千米，大约是美国国土宽度的一半，它会很薄，总重约一亿吨。

毋庸置疑，建造这样的庞然大物很具挑战性。从地球上发射它几乎是不可能的。这就是为什么早期方案建议人们先在月球定居，然后在月球上建造它。

众所周知，太空伞将被分块建造并分步从月球运送到拉格朗日点。30 年前估算的成本还是挺高的：需要 1 万亿至 10 万亿美元。

现在的生产效率可能会使成本降低一些。但是可行性与之前差不多：依然很难实现。

《麻省理工技术评论》最近对这个早期方案进行了分析，得出的结论与上述说法一致："如此大规模的项目看起来并不可行。"

将来可能会在太空中实现类似的大型工程项目。定居月球的方案也许更加可行。几十年来，科学家一直在设想并计划在月球上建立一个研究基地。但成本太高了。技术进步和太空探索的发展使得成本越来越低。最近的一份计划书表明，到 2022 年我们只需花费 100 亿美元就可以在月球上建立一个研究基地。要知道美国每年的国防预算是这个数字的 70 倍以上。

太空制造项目是另一回事。即使在国际空间站上进行很小的零件组装工作，目前也是很困难的，并且非常耗时。大家从电影《地心引力》中可以看到，桑德拉·布洛克和乔治·克鲁尼扮演的宇航员在空间站中举步维艰地做修复工作。

第3章

碳特工队

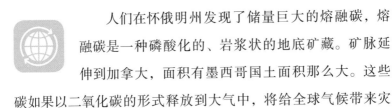人们在怀俄明州发现了储量巨大的熔融碳，熔融碳是一种磷酸化的、岩浆状的地底矿藏。矿脉延伸到加拿大，面积有墨西哥国土面积那么大。这些碳如果以二氧化碳的形式释放到大气中，将给全球气候带来灾难性的后果。

碳排放的来源很多，是气候变化的主要元凶。温室气体的化学式是 CO_2，无色无味。人类与其他动物、植物、土壤等在进行氧化反应时都会产生二氧化碳。火山和林火也释放了大量的二氧化碳。海洋在与空气混合时会吸收一定量的二氧化碳。

但是，与碳排放最密切的是煤炭的利用。除氧元素外，煤主要包含氢、硫、氮，还有其他元素。煤炭是由植物体经过至少数百万年的演变而成的岩石状固体。它有不同的种类：褐煤、沥青、无烟煤、石墨和特种煤。几个世纪以来，煤炭一直被用作燃料。

熔融碳完全不同。它位于地表深处，靠近地幔上部，那里的温度高达 815.6 ℃。在那里，矿物质大多都是融化状态，含碳酸盐的矿物种类繁多，包括多达一百万亿吨的熔融碳。这个数量远远超过之前计算的全球碳含量。如果这些熔融碳释放出来，那么将剧烈地改变大气层，地球不再适合生物生存。值得庆幸的是，熔融碳矿石被埋藏在地下 320 多千米处。2017 年，科学家用世界上最先进的地震传感器做研究时偶然发现了它。

熔融碳的发现者、任教于伦敦大学的地球物理专家萨斯瓦塔·黑尔-马约德尔（Saswata Hier-Majumder）博士说，他当时在用传感器探查地幔边界层下约 2897 千米处地球核心区域的情况，那里应该都是岩浆熔体；当时他的一位同事指出异常参数所在的位置距地表更近。岩浆熔体是地球深部区域存在的岩浆。地球的大多数外层都是固态的，上面是各大板块。马约德尔用他的专业知识分析了异常值，计算出了那里有多少熔体，进而可以计算出有多少碳储量。其计算的储量结果惊人，是世界上已探明的煤炭储量的 100 倍。

这些被发现的碳并不会很快释放到大气中。熔融碳可能需要数百万年才能够从地下 320 多千米向上循环至地面，也就是说，除非有火山爆发。

怀俄明州的黄石国家公园就坐落在一座超级火山的上方，

其下方是熔融碳的"海洋"。如果黄石火山爆发，就像六十万年前的那次喷发一样，它将使整个美国披上一层火山灰，后果就是所谓的核冬天。

即使处于休眠状态，黄石火山每天仍释放出 45 000 吨的二氧化碳，相当于 10 000 辆大巴车一年的碳排放量。马约德尔和其他研究熔融碳的科学家估算，即使新发现的熔融碳里有 1% 通过火山喷发进入大气层，也相当于燃烧了 2.3 万亿桶石油，这当然是不好的。马约德尔在一次论坛上表达了更加保守的意见，他不相信熔融碳有即将散发到地表的风险。他说："这是一个位于地下深层的碳储存场，已经存在了大约 10 亿年。"

2018 年夏天，黄石公园的地面出现了裂缝，包括一个 30 米长的裂缝。人们认为这是火山爆发的迹象，及时观测这些迹象并没有什么害处。马约德尔表示，没有必要对此恐慌。他保证，专家将对该区域进行进一步的测试。他的领域主要是探索地球深处的岩浆熔体，听起来比较艰深。因此在向外行讲述时很容易把专业内的事例过度引申，让人误解。就像在电影《侏罗纪公园》中科学家杰夫·戈德布鲁姆向普通人解释混沌理论的情形，要讲清楚没那么简单。

马约德尔的实验采用了太空时代的技术：在整个北美布置了 820 个地震仪，并将平时的数据与大量的地震数据进行了比较。之前从来没有人做过这样的研究。它相当于对地球内部做了一个断层扫描。

他同时还研究了夏威夷和东南亚的海量数据集，打算从这些数据中挖掘出更多的岩浆熔体分布。"我希望能够做出一张全球熔融碳地图"。目前来看，地球表层之下熔融碳的确切含量是未知的，但远大于现在估测的数据。

可以肯定的是，人类每年向大气中排放的二氧化碳量约有400亿吨。为了控制温度上升，从现在开始该数字必须降低约25%。但相反的局面正在形成：到2030年全球碳排放量将增加约50%。根据不同的情景或不同的温室气体组合，碳排放量总额会有所不同，重点是，人类排放二氧化碳的速度远大于自然界通过碳循环吸收的速度。

所有生物体都离不了碳元素。我们出生、呼吸、死亡，"土归土"后变成碳进入墓穴，最终又返回地表并进入大气层。碳循环应当处于一个平衡态，从而保持地球温度稳定在特定的范围内。污染物和碳排放的增加，不受控制的全球人口，使得碳循环失衡。这就是为什么大气中的二氧化碳比150年前增加了约30%的原因，以及为什么全球温度相比那时上升了将近2 ℃。

如前几章所分析的，当温度升高超过一定程度时就会发生各种严重后果：中暑死亡，暴风雨增多，海平面上升，极端天气频发。挽救的办法不仅是要减少碳排放，而且要捕获和储存更多的碳。这是一件棘手的事情。

大自然最大的二氧化碳"捕捉器"是海洋。海洋吸收了人类产生的30%～50%的二氧化碳。第二大"捕捉器"是植被，它们吸收了多达 25% 的二氧化碳。土壤和其他物质吸收了剩余部分。碳需要从空气中捕获并储存，否则它将积聚在大气中，释放能量。这样，全球温度就会异常地升高。

但是人类没有更多的海洋或陆地作为碳捕捉器，那样的话也许需要另一个地球，但是人类可以种植更多的树木。从理论上讲，种植的树木越多，吸收的碳就越多。然而，这一过程比较缓慢。大约需要 40 年，一般的树木才能长大到每年从大气中吸收 1 吨碳。要知道，每年仅人类活动就排放了数百亿吨的碳。据估算，若靠种树来捕获大气中的碳，所需的土地面积相当于 3 个印度大小。即使一下子可以种下这么多的树，那么依然需要数十年之后才能将空气中的碳捕获住。

这就是克劳斯·拉克纳（Klaus Lackner）决定造出另一种树的原因。他是亚利桑那州立大学可持续工程与建筑环境学院的教授，负碳排放中心主任。拉克纳提出了一种比大自然中的碳捕获系统（树木）更好的方法：他发明了一种人工树，每棵树只需一天就可以吸收多达 1 吨的二氧化碳。人工树森林会吸收掉人类活动排放的碳，然后继续吸收一部分自然界自身排放的碳。可惜目前拉克纳的树只有一棵。它孤独地处在亚利桑那州梅萨市附近的沙漠中。树的周围看着很荒芜，只有沙子和灌木丛。就这种人工树而言，先不管它吸收的总量，它处理碳的速度比茂密森林中的树要快许多倍。二氧化碳是一种惰性气体，这意味着大部分时间它都游荡在大气中，除非被吸收或固定起来。拉克纳意识到，无论人们拥有多么好的二氧化碳减排技术，实现减排仍然会有数十年的滞后期。大气中的碳含量已经超过科学上限，为了防止破坏性的全球温度升高，显然需要更紧急有效的解决方案。做一个巨大的人工森林的想法应运而生。

◎固碳人工树构成的森林

拉克纳是那类擅长用数学方程和物理演算进行疯狂思考的天才之一。他之前是洛斯阿拉莫斯国家实验室的科学家，这里曾是研发核武器的重镇。20世纪90年代初期，他开始思考一个无人类干预的世界，一个机器复制机器的世界。行得通吗？拉克纳发现可以。但是这一过程需要持续的能源供应，以便为机器克隆自身提供动力。目前所有的机器人和人工智能话题中，能源部分显然离不开人的干预，或者至少需要人开启第一步。

在考虑能源的生产时，拉克纳还研究了能源的弊端：碳排放。好奇心驱使着他不断研究下去，他想知道如何才能够控制世界的碳排放。拉克纳甚至考虑了技术的预算：供应、成本、费用，方程计算的结果表明价格可以接受。

他说："碳排放应该有一个上限。"在他位于四楼的办公室里，他靠在转椅上，窗外是 4 棵高高的天然树木。

拉克纳的英语有着德国口音，讲话时颇具中世纪思想家的风度，常常举例来论证自己的看法。"因为……那意味着……"就像一位循循善诱的导师。拉克纳解释了碳排放的上限，大约是 450 毫克/米^3。他详细说明了如何计算出这个极限值。但不容忽视的是，我们很快就会在接下来的 17 年内打破这个极限。若限制碳收支在 450 毫克/米^3 以内，就可以控制全球升高温度不超过 2 ℃。450 毫克/米^3 已经不少，但是人类还可以控制局面。一旦超过限度，所有已知的气候类型都会恶化。酷暑、海平面升高……所有预测到的可怕景象都将真真切切地发生。"我认为人类无法说服自己立马采取行动来挽救它"，他感叹道。这就是他发明人工树的原因。

拉克纳的树即使放在森林中也可以一眼就被认出来。这其实是一种金属装置，上面的"叶片"是一种碳捕获膜。当空气流过薄膜时，二氧化碳分子被捕获，然后被收集和储存。这与天然树叶的固碳方式相似。天然树叶将碳存储在树干、树枝和根中，而人工树将其存储在金属罐中，一种不锈钢罐。

树木和其他植物利用阳光作为能源把大气中的二氧化碳转化为自身物质并不断长大。拉克纳的人工树用水作为能源，人工树捕获了空气中的水分并降解水产能，水像燃料一样为碳的存储提供动力。

拉克纳的那棵树高约 3.7 米，看起来像是一个小的橄榄球门柱。上面布满了薄膜，薄膜以类似手风琴的方式排布。当薄膜被拉伸成帆状时，它就开始捕获空气中的碳分子。当它收缩时就挤出收集的碳，然后将其输到储罐中。

人工树的造型可以多种多样，例如可以模拟自然界的树，像棕榈树之类。或者可以像蜈蚣，乃至动画人物"海绵宝宝"。在他办公室旁边的实验室中，就有一个迷你版"海绵宝宝"树，只有一两米高的样子。

不过实验室里的迷你树看起来像是生病住院的海绵宝宝：身上连着各种各样的管子、传感器和监视器，从而可用来计算捕获的碳量和释放的碳量。树上的薄膜像肺一样起伏着，吸入空气并滤掉二氧化碳。

人工树可以排布成森林。每个迷你树的尺寸是 1.8 米×1.2 米。包含 1 亿棵人工树的森林，每年能够吸收掉之前化石燃料释放到大气中的 360 亿吨二氧化碳。1 亿棵人工树听起来很多，但地球上已经有超过 3 万亿棵自然树，因此目标并非遥不可及。

要知道，世界上的汽车就有 10 亿多辆。拉克纳提到的这一点特别有意义，因为如果人类有足够的设施来生产这些汽车，那么就有能力制造出许多其他的装备。例如，上海港每年可以输送4000 万个装满东西的集装箱。拉克纳说："这意味着附近城市的工厂可以制造出足够多的设备和货物来装满这些集装箱。每年我们只需要生产出能装满 1000 万个集装箱的人工树。"他说。这样看来，制造和运输全球所需的碳捕捉设备（人工树）是行得通的。

人工树的大规模生产主要得面对两个问题：政治意愿和资金。每棵树的造价为 2 万~3 万美元，这大约是一辆普通汽车的价格。但是总花费是巨大的。

关于政治意愿，拉克纳说："当存在不确定性和风险时，我们就很难采取行动。"科学理论不会强迫政策制定者做预算，虽然这件事值得花钱。决策者始终在应对不确定性，那实际上是他们的工作。"当我们在做关于利率、税收、战争等方面的决策时，我们就是在面对不确定性。"他说。气候变化问题也不例外，只是我们之前没有处理过这类风险事件。因此，政治行动目前不足以应对气候变化。

拉克纳认为可以将碳的过量排放等同于废弃物管理问题，从而家庭就可以参与进来。"面对垃圾和污水，我们的结论是：①我们不能完全杜绝它们，②我们不允许随意丢弃它们，因而必须妥善地加以处理。碳排放问题也理应如此。"

从这个逻辑出发，我们有必要清除掉我们这代人排放的碳量，再加上前几代人的碳排放。这就是为什么碳捕获技术在未来很长一段时间内都不会便宜的原因，因为当代人将不得不面对这个问题，并为前人遗留的问题买单。而且很有可能下一代也得继续这项事业。

亚利桑那州立大学校园中的树上都挂有标识牌。牌子上写着树的名字和特点，例如："橙木来自这种树，木材的锯末可以用来打磨珠宝，这棵树的果实可以用来做果酱。"另一个牌子上写着："这是亚利桑那州非常流行的景观树，它生长迅速，皮实，缺点是长得太高难以修剪。"学生们步行、骑自行车或踩着滑板匆匆地穿过校园，并没有人关注树木和上面的标志牌。拉克纳的人工树上面的标志牌写着"从空气中吸收二氧化碳的技术"，虽然位于校园中心的显眼位置，但似乎没人注意到它。

人工树的影像展示也可以在那里看到。影像中也显示了自然界的树木，还有远处的烟囱、云层和蓝天；一架飞机掠过高速公路，未来感很强的卡车和小汽车行驶在高速公路上。当然这是一个田园风光版，是艺术家的诠释。真要把一亿棵人工树排起来，将绵延数千米，看起来就像是电影《疯狂的麦克斯》中的场景。

根据拉克纳的设想，人工树不会全部放在一个森林中。它们将散布在世界各地，理想情况是放在更靠近碳排放源的地方，例如经常拥堵的高速公路或烧煤的火电厂。越接近碳排放量高的区域，单位时间内捕获到的碳就越多。

想象一下，在大地上种上人工树而不是天然树，这种科幻式的图景引人思考。本章开始提出的问题"机器可以自我复制吗？"那么拉克纳的人工树从何而来呢？在道路旁和工业园中放置人工树，整体环境看着并没那么俗气。一个人工树的世界可能看起来不像是乡野间树木郁郁葱葱的田园景象，后者是支持人工造林者比较喜爱的情景。但是人工树是能够有效清除大气中过多碳量的综合方案之一。

"我们做得到。"拉克纳保证。

假设我们已经做到，假设人工树开始从空气中捕获碳，那么如何处理捕获的碳？我们在哪里存储它？拉克纳认为，最优做法是将其转化为燃料。而在其他计划里或将碳埋入地下，或将其转换为固态的建筑材料（例如砖），或将其泵入海底深处。但这些计划都有问题。激进环保组织——绿色和平组织声称，碳的捕获与封存是行不通的。它认为该技术未经检验且太昂贵而无法有效地实施。此外绿色和平组织还说，储存碳是一项危险的业务。"要真正实现减排，捕获和注入地下的碳必须永久地留在地下。如果泄漏到大气中，它们还会使气候恶化，并威胁到人和动物的生存。"

在一份报告中，绿色和平组织列举了 3 个事例说明碳捕获和封存的危害及弊端：

1. 2011 年在阿尔及利亚的艾因萨拉赫（Ain Salah），人们向砂岩中注入二氧化碳引起了地震。

2. 在全球最早进行二氧化碳注入的地方——挪威北海中的斯莱普纳，科学家们发现海底出现了巨大的裂缝，这意味着二氧化碳最终还会回到大气中。

3. 在密西西比州，大量的二氧化碳从储存井中泄漏，杀死了附近的鹿和其他动物。

除了绿色和平组织，更多的人开始关注碳捕获技术的不足。一组科学家各自审查了各种碳捕获及封存技术，得出了类似的结论：技术成本高昂，并且存在泄漏的风险。

直接收集碳的成本高昂是因为涉及工程建设、技术研发、设备投入、存储设施、能源工厂的投入和运行，这些直接成本都很高。这些建设必须大规模进行，才能满足全球的环保需求。用回收碳生产合成燃料是使其在经济上可行并实现高性价比的唯一途径。当然，与气站、充电站或充氢站的天然气折算价格相比，这种燃料的价格必须要有竞争力才行。

令人困惑的是，一方面需要全球各国停止向大气中排放更多的碳，另一方面需要先处理大气中已经存在的碳。因此似乎没有简单的解决办法。但是，我们还有梅萨市的那棵"树"。

捕获碳

　　总部位于瑞士的环保公司可丽美（Climeworks）的操作与火电厂相反：它从大气中捕获碳，然后将其转化为燃料，而不是燃烧燃料并将更多的碳排放到大气中。

　　"我们的工厂通过过滤器捕获大气中的碳。空气被吸入设备，当中的二氧化碳以化学的方式结合到过滤器上。一旦过滤器中的 CO_2 饱和，就将其加热到 100 ℃ 左右，加热时使用低品位热能作为能源。这时二氧化碳就从过滤器中释放出来。加以压缩并储存好，就可以提供给客户了。"可丽美公司解释说。

　　也有其他公司开发了直接空气捕获技术，将碳转化为燃料或肥料或其他用途。这些技术被称为"碳中和"方案，因为捕获的碳最终会再次释放。

　　可丽美公司在碳的负排放领域曾取得过重大突破：他们的技术将大气中的碳捕获、储存，并可以保存数千年至数百万年。为了永久存储碳，解决方案是将过滤后的压缩物泵入 600 多米的地下。在冰岛的工厂里，碳与地下的玄武岩矿床发生反应，形成固态的矿物质。可丽美公司志在"创建一个永久、安全且不可逆的碳存储方案"。

　　尽管前景广阔，但直接空气捕获技术的成效至今还不明显。

例如，可丽美公司目前在冰岛工厂的碳捕获量仅相当于一个普通美国家庭的年碳排放量。在其位于瑞士的工厂中，所捕获的二氧化碳被输送到温室，其数量仅相当于美国 20 户家庭的年排放量。

可以肯定的是，随着技术的发展和需求的加大，成本将进一步下降，碳捕获工厂的生产效率将进一步提高。随着越来越多公司的加入和投产，工厂硬件费用也将显著降低。

技术创新使得从空气中捕获碳的成本比过去便宜很多，之前要花费数百美元将大气中的碳转化为同样单位的合成燃料。现在价格下降明显，大约是每加仑 4 美元（1 加仑 ≈ 3.8 升），与加油站的汽油价格一致。考虑到这个价格，基于空气捕获技术的收集装置应该能够被投放到全球更多的地方。

这些装置不用占据太多空间。可丽美公司的 CO_2 收集器每个单元的面积仅为 66 平方米。单个单元看起来就像一个商用空调，每天过滤出约 907 克的碳。这些设备实际上就是用于地球的空调，以独特的方式运转着。

阿曼的岩石

 科学家发现，中东国家阿曼的某种岩石看起来像是普通的岩石，但它们可以从大气中捕获几十亿吨的二氧化碳。

这些岩石与众不同，通常位于地壳以下而难以被看到。板块运动将压碎的橄榄石碎片带到地表，才使它们暴露在空气中。这些岩石中发生着各种各样的矿物反应。研究橄榄石的科学家发现了碳矿化——将二氧化碳转化为石头的潜力，并利用其碳储存潜力进行了一系列设计。

阿曼的岩石富含橄榄石，橄榄石是一种可以与空气和水中的二氧化碳进行反应的矿物。

目前地幔岩石方面的研究是一个新领域。哥伦比亚大学拉蒙特·多尔蒂地球观测站的地质学家表示，可以通过将岩石碎开并将其暴露在空气中，或者通过钻井和抽水来加速这类岩石的碳化过程。

阿曼拥有大量的橄榄石，这种岩石也可以在包括加州北部在内的全球各地的矿山或地表发现。目前希望能够选一个地方来验证上述方法的有效性。

地质学家们认为："一种加速橄榄石碳化的方法是钻探、压裂，然后将深处的岩石加热到大约 185 ℃，再将纯净的二氧化碳泵入岩层中。计算表明，这个过程每年能将数十亿吨二氧化碳转化为固态的碳酸盐矿物。"

岩石的碳储存潜力巨大。每年，我们向整个地球排放了约 400 亿吨的二氧化碳。而人类目前创新能力还做不到大量捕获这些二氧化碳。植树造林，退耕（牧）还林，即使以较高值来计算，这些方法仅能做到每英亩吸收掉 10 吨二氧化碳（1 英亩 ≈

4047 平方米）。

如果有足够多的岩石，就可能将大气中过量的二氧化碳吸收掉，然后在其中储存数千年或数百万年，这取决于岩石风化速度等因素。这个方法或许更可靠。

第 4 章

沙漠反光镜

撒哈拉沙漠以南地区人口密集。6 亿人居住在这里，缺乏电力，他们靠阳光、火或少数的便携式发电机来生活。

晚上没有灯光，他们的生活举步维艰。日落之后，诊所和医院就无法开展工作了。晚上生孩子也是黑灯瞎火，分外危险，新生儿出生率并不高。冰箱能够防止生物药品和食品变质，但没有电力，疫苗和食品很快就过期了。此外，原始的做饭方法意味着室内的空气污染很严重。在屋内燃烧生物质燃料，如木头、牛羊粪、枯枝败叶等，会导致严重的呼吸道疾病。每年因呼吸油烟而导致数百万人过早死亡。当然，这里也没有因特网和电话通信设施。由于缺乏电力，教育系统、灾难预警系统和社区发展都停滞不前。

然而，撒哈拉沙漠却是地球上自然能源最多的地方。世界人口的很大一部分，即非洲大陆总人口的一半以上，居住在撒哈拉沙漠南部。

撒哈拉沙漠的面积与美国面积差不多大。这里每年接收到充沛的阳光，产生的能量是全世界需求的 80 倍以上。但是这些太阳能白白流失了。太阳能技术尚未在这个充满潜力的地方开花。通往南部各国的输电线也是没影儿的事。对于撒哈拉以南地区的人来说，太阳能是一个诱人的前景，其他能源成本太贵或遥不可及。截至目前，还没有人考虑在这里建设火电厂或核电厂。这就是为什么有几亿人一到晚上就陷入黑暗。这里根本没有可用的电力。

撒哈拉沙漠的晚上很黑，出门是一件危险的事儿。人们不知道在路上会碰到什么，走夜路让人提心吊胆。脚下可能会踩到东西，或者冷不丁的什么东西出现在你面前。一条蛇？一块石头？一头骆驼？让人寒毛直竖随时准备逃跑。你仔细聆听，一切静悄悄的，但又感觉有东西在动：风向变了，沙子被吹向别的地方。身体对空间的感知也在变，遇到了一个小坡或者又回到了平地。一种难以名状的感觉，某种东西在附近，也许是人。

那么晚上就乖乖待在沙村里仰望星空吧。星星散发着淡淡的光，深空的黑色背景让人觉得宇宙深邃无边。要数清所有的星星是不可能的，最好的消遣方式是辨认星座，并记住它们的名字。天狼星，肉眼能见到的最亮的星星，北极星的亮度也比较高。稍稍花点时间和注意力，你认识的星座会越来越多：小熊座、大熊座、猎户座……

撒哈拉沙漠的夜晚，没有辉映夜空的城市灯光。太阳一落山，夜幕很快就降临，笼罩了一切。

根据世界银行的定义，撒哈拉以南地区有 48 个国家，从毛里塔尼亚到南非这些国家，组成了整个非洲大陆。这些国家除了南非以外，50% 以上的人口没有电力可用。全球范围内，约有 10 亿人口处于类似境况。电力最稀缺的地方都是发展中国家，那里五分之一的人口无法获得生活用电。

电就像普罗米修斯给人类的礼物，它使人类进入文明社会，它使我们脱离蛮荒，居住在改造过的环境中。除了虚拟现实的视听享受，夜里躺在舒服的沙发上，或者在明亮的房间里看电视，不时地到厨房从冰箱里拿零食吃，这显然跨越了自然界的昼夜、冷暖限制。点亮黑夜的是能源。

在亚洲，五分之一的人无法用上电，在中东和拉丁美洲，十分之一的人无法使用。尽管有未实现电力供应的地区，但人类已经在很大程度上用电力操纵了地球，广泛使用了化石燃料作为能源。燃烧煤炭、石油或天然气就可以使汽轮机的涡轮旋转并产生电能。但是，我们知道这些燃料也有不利的一面：释放大气污染物，制造温室气体及引发全球变暖。在美国，三分之二的电力来自煤炭和其他化石燃料。全球范围内，情况大致相同。

但是不容忽视的是：未来一代将当家作主并使用更多的能源。到那时，地球的碳排放量更多了，地球环境被进一步污染。

国际能源署预测，从目前到 2040 年，因为人口迅速增长，发展中国家对电力的需求激增，将占世界能源消耗的 65% 左右。相比之下，美国和其他发达国家的需求相对稳定，几乎每个人都可以用上电。

也许很快全球各地都有电力输送，能全天候地满足人类需求，之前没有电的地方不用再日出而作、日落而息。

2018 年，全球的电能需求是 18 万亿瓦。1 万亿瓦的电力能够点亮 100 亿个百瓦灯泡。到 2040 年，电力需求将增长 30% 左右。到本世纪末，能源需求预计增长 124%。如果继续使用化石燃料作为主要能源，那么像之前那样宜居的地球环境就会消失。当然，我们还有其他的能源类型如可再生能源：太阳能、风能、地热能和海洋能等。总体而言，它们目前仅占全球能源供应的 1.5%。核电也占一小部分，但生产成本还比较高，并且带有一定的危险性。

1986 年 4 月，切尔诺贝利核反应堆发生了事故。核辐射泄漏到周边并飘散到大气中，造成数十人当场死亡，数以万计的人重伤，随后癌症的发病率上升，环境受到严重破坏。这是历史上最可怕的人为灾难之一，当地现在依然有很强的核辐射。

这个事件引起了时年 49 岁的德国粒子物理学家格哈德·克

尼斯的不安，他开始研究更安全的替代能源并使其商业化。克尼斯博士当时进行了一项计算：不到 6 小时，世界上的所有沙漠从太阳中吸收的能量超过了人类全年所消耗的能量。从此他的研究生涯改变了，这个信息促使他承担起在沙漠中开发太阳能的使命。这体现在他发明的新词"Desertec"中，一个在地球的沙漠区域覆盖上太阳能电池板的创想。

沙漠是指那些年降雨量少于 254 毫米的地区。它们有不同的表现形式：高干旱、干旱、半干旱、半湿润。沙漠面积很大，占地球陆地面积的 40% 以上。

为了实现他的目标，克尼斯借助他所在的一个强大组织——罗马俱乐部（Club of Rome）组建起一个政府与社会资本合作的中心。该俱乐部由企业家、科学家和经济学家等精英团体在 1968 年成立，旨在为人类未来寻求解决方案。"Desertec"正是罗马俱乐部想要的那种项目。太阳能概念，在当时看起来有些古怪，但很快就被支持者们认真对待。太阳能技术和传输技术的进步使这些支持者非常看好"Desertec"的前景。

90% 的世界人口居住在离大沙漠 3219 千米以内的地方。输电线路可以拉长距离，将清洁的可再生能源带到世界大多数地方。除了太阳能以外，沙漠还有大量的风能和地热能。地热能来自地球内部自身产生的热量。温泉就是一个地核的热量上升到地表的例子。当然，风力发电取决于平时的风速大小。当较冷的空气和较热的空气交汇时就生成风。温差产生压力，迫使空气流动。

在沙漠地区冷风和热风交替进行，水分会蓄积热量，干燥的空气会使热量更快地流失。这就是为什么在夜间没有阳光保暖的情况下，沙漠里变得如此寒冷的原因。太阳一出来，沙漠又迅速热起来，风也开始刮起来。

沙漠里的风有很多名称。有些描述大小，如哈布风（Haboob）表示沙尘暴。有些描述方位，夏马风（Shamal）表示西北风。这些风让人联想到一些神秘的、骇人的事物。在美国加州，当沙漠上刮起圣安娜风（俗称"魔鬼风"）时，据说肆无忌惮的黑魔法就会控制人。这时空气中充满了绝望的气息。当地的犯罪率确实在增加，并且心理学研究表明人们的情绪受到了影响。

也许借用"魔鬼"的联想只是人们为了纾解内心深处的空虚与悲伤。沙漠中生命稀少，并不像一个充满希望的地方，这里孤独而广阔。若为了一种体验或经历，沙漠并不是一个合适的地方。这里极其荒凉，只有草朽木烂、沉寂、死亡。一切并非像克尼斯假设的那样，是我们看错了吗？

克尼斯和"Desertec"项目其他的科学家、政治家和经济学家们，没有将沙漠视为一无是处的荒地，而是持另一种看法：沙漠可以重塑为世界的引擎。还有比撒哈拉沙漠更好的地方吗？只有北极和南极这种荒原比撒哈拉沙漠更大。就热带沙漠而言，撒哈拉沙漠是迄今为止世界上最大的沙漠。第二大沙漠阿拉伯沙漠甚至不到它的面积的三分之一。

摩洛哥瓦尔扎扎特（Ouarzazate）是通往撒哈拉沙漠的门户。通往瓦尔扎扎特的努尔（Noor）太阳能发电厂的道路看着与别处很不一样。路上新铺了沥青，两侧的植被修剪得很整齐。它与旁边沙漠中漫天遍野的灌木丛和沙砾形成鲜明对比。一个武装警卫在工厂入口处值班。除非你在这里上班并且有身份证明，否则进不去。这也难怪，努尔电厂是一个价值数十亿美元、位于茫茫大漠中的大项目。建成后，它将成为世界上最大的集中式太阳能发电厂。完工后，它产生的电量足以满足整个欧洲的需求。它成为全世界的样板，世界各国的领导人、教育工作者、专业人员和学生将一批批来这里参观，见识太阳能的力量。

克尼斯选址在这里建厂是由于其日照充足且位置绝佳。这个电厂不仅可以为附近地区提供电力，而且可以跨国输送电力。尽管如此，克尼斯早在规划"Desertec"之初就意识到，电厂需要连接到一个大的电网中，让这种可再生能源变得更加普及。

克尼斯的梦想是打造以可再生能源驱动的智能电网，这也是很多清洁技术企业的目标。智能电网用技术整合了传统的输电线路、变压器、变电站和终端用户。它可以更好地控制容量和负载，并对电力需求的高峰和低谷更快地响应。它还可以更均匀地分配负载，因此停电和限电将很少发生。

由于电网可以整合散户产生的电力，因此可以扩大电力来源，尤其适合可再生能源系统。比如，你在屋顶上安装了太阳能电池板，但不用的时候或用不完的时候，多余的电就可以输送到智能电网系统中。随着科学和工程技术方面的突破，未来我们可以借助更智能的能源系统。然而，虽然有可能将可再生能源输送到世界多数地区，但跨国的大型能源网络却很少。

架设数千英里（1英里≈1.609344千米）长的电线于工程技术而言已经不是问题，但却关系到一些政治问题：向谁收费？收哪些费用？收多少？这甚至会发生领土之争。

为了把太阳能从撒哈拉沙漠途经摩洛哥输入欧洲，它必须并入电网系统，然后才能将电力通过直布罗陀海峡传输到对岸的西班牙，然后再与欧洲的超级智能电网连接。

欧洲超级电网将44个欧洲国家的输电网络连在一起共享电力资源，提高了输电效率。这种效率降低了每个欧洲人的能源花费。例如，拥有水力发电的国家可以提供自己的份额，就像没有水力发电的国家可以提供其他能源一样。不过各国之间依然在吵吵嚷嚷，从动荡的油价到叙利亚战争很难意见统一，不少事务陷于停滞。但是，乐观人士仍然希望中东和北非地区、欧洲能够建立一个统一的电力市场。这是因为，按每千瓦时价格计算，撒哈拉沙漠的太阳能发电成本不到10美分，这是欧洲国家电费价格的一半。

直布罗陀海峡分隔了欧洲和非洲，最窄处只有14.5千米宽。几十年来，人们一直希望将摩洛哥和西班牙之间的这个海

◎努尔的太阳能电厂

峡连接起来。20 世纪 20 年代，曾报道一个流行的方案：在海峡位置建立水坝及配套的水电站，水力发电将供应附近地区。该方案其实是一个更大的设想"Atlantropa"项目的一部分，"Atlantropa"项目打算排干一些地中海海水，以便获得更多土地。这些土地被计划开垦成农场，成为欧洲的殖民地前哨。看似一个和平的计划，"Atlantropa"项目反映了德国纳粹要统治地中海沿岸的野心。不用说，这个项目从未公开过。

开发海峡的其他设想包括浮桥、公路桥和深海隧道等，所有这些都是希望把两块陆地连接起来。在海峡的东部，正在铺设海底电缆。这些电缆连接了突尼斯与马耳他，进而与欧洲连接。马耳他已经通过深海电力电缆连接到欧洲电网。

2017 年 9 月，Nur Energie 太阳能发电厂宣布利用上述电缆向欧洲出口电力，此电厂位于突尼斯境内的撒哈拉沙漠。在这年年底，克尼斯 30 年前的愿景终于要实现了。

2017 年 12 月 11 日，在与病魔长期搏斗后，克尼斯在德国汉堡的家中去世，他没来得及看到自己的愿景被实现。但是很明显，他重塑世界的宏伟计划的一部分正在进行当中。

"Desertec"的创始董事、克尼斯的朋友费德里克·福尔这样说："地图上的红色小方块代表了电厂所需的面积，这是克尼斯之前常用的标记。看到撒哈拉大沙漠和上面的红色小方块（电厂），让人回想到大量研究论文和出版物上的知识理论落到了实处，'Desertec'的技术可行。""克尼斯是一位敏锐的、远见卓识的实干家，他推动了可再生能源的全球大辩论，加快了人类走向清洁能源的过程。利用太阳能无疑是人类必须采取的措施，他担心行动太晚就不能把全球变暖幅度限制在 2 ℃以内。他坚信，我们必须尽一切力量避免超过限定温度。他总是乐于听取建议，时刻准备着汲取新知识。他常问的一个问题是：'人类疯了，要集体自杀吗？'"

努尔电厂和在全球范围内广泛开展的可持续能源行动，证明了我们并未疯狂。

Aborazzak Amrani 是努尔瓦尔扎扎特电厂的一位不苟言笑的太阳能工程师，他戴着白色安全帽，穿着橙色防晒背心，引领着访客到工厂的楼顶。他黑色的头发和橄榄色的皮肤提醒我们，努尔电厂不仅是北非中东地区乃至欧洲的能源枢纽，也给当地社区带来了工作机会。

该电厂是全球新能源的标志性建筑，摩洛哥政府也引以为傲。宣传册的折页上详细描述了电厂的事项和数字，宣传册页上的首字母缩写 MASEN 代表摩洛哥可持续能源署，是该工厂管理者。

在楼顶上，Amrani 指了指一直延伸到远方的一排排太阳能面板。他介绍了统计数据：努尔瓦尔扎扎特电厂的建设分为 4 期，投产后产生超过 5 亿瓦的电力。当它与摩洛哥其他努尔工厂连接在一起时，总的太阳能发电量将超过 20 亿瓦。MASEN 的目标是，到 2030 年，摩洛哥一半以上的能源来自可再生能源，并且可以大量出口。

太阳能发电的原理相对简单。由硅、镜子或透镜制成的光伏（PV）电池捕获阳光。就 PV 面板而言，上面的半导体通过电路传输电子，从而电能就产生了。镜子和透镜用来汇聚太阳能，然后将水加热并产生蒸汽，蒸汽驱动涡轮机发电。

在努尔瓦尔扎扎特，熔盐是太阳能的主要存储方式。太阳的能量加热了盐，盐可用于产生蒸汽从而使涡轮机发电。盐可以保温长达 10 小时，在努尔电厂中可以提供 7 小时的热量。

在过去，从太阳能中获得的电力很难被利用，因为它是直流电压。我们经常听到有关直流电或交流电的信息。交流电每秒内会多次切换方向，允许在更高的电压下为普通设备供电。

假如你将烤面包机插入直流电电源上，那么就像动画片《威利狼与哔哔鸟》中威利狼打开一个烧焦的包裹那样，你的面包机肯定要被烧毁了。

由于在高电压下保持一个方向传输电力的直流电技术的进步，现在可以允许降低负载以满足民用。为了使电力从瓦尔扎扎特电厂输送到欧洲，得输送800多千米。太阳能电力的集中传输可降低远距离传输时的损耗。

Amrani说，目前MASEN计划把太阳能电厂的电力并入当地电网。沙漠中输电线的铁塔看着很突出，数百英尺高，像变形金刚一样。

无论是成排的太阳能电池板还是发电机，都是由你所看到的反光镜、钢材、混凝土组合而成。面积为18平方千米的现代厂区本身自成一个世界。

在远处，有一个红色城堡。Amrani解释说，这是未来的游客中心，那儿会有讲解员讲解电厂。他说："这是MASEN的目标之一。不仅要发电，而且要建成一个广为人知的可持续能源项目，让人们学习并开发出自己的项目。"

如果其他国家也这样做会怎么样？如果太阳能电池板布满了沙漠的表面会怎样？

一群科学家弄清楚了会发生什么：地球会变热变干，风的模式会发生巨大变化。他们发现，太阳能电池板吸收了热量后使这一区域的沙漠变冷，沙漠变得更加干燥。捕获并转移的能量（电能）会使利用该能量的地区升温。最终导致奇怪的气候，比如不断变化的天气模式。

这些科学家在《自然·气候变化》杂志的一篇论文中写道："这些过程会影响全球大气环流模式。"全球大气环流将热量从热带带到极地。这就是产生季节性天气的原因。源于沙漠的能量与这些传统的气候模式交织在一起，可能引发干旱、野火和热浪。预期的季节性的温度变化难以实现。

德国 Dii 沙漠能源公司首席执行官、"Desertec"的活跃成员鲍尔·范森说，长期以来，成员们一直不太支持克尼斯最初的大胆计划，即用太阳能电池板覆盖整个沙漠。他说，更全面的可持续能源计划应该包括风能、太阳能和其他可再生能源，一起为世界提供可持续能源。

"一开始我们看重的是由上而下的顶层设计方案，但意识到这很难行得通。"鲍尔·范森在德国高速上开车时说道。

自下而上的方法为地理区域之间的能源协同增效提供了前景。例如，白天某一个地方的太阳能被用作主要的电力来源，而到了晚上来自另一地区的水力电能就可以继续供应电力。"未来，我们将有各种各样的电力供应商，"范森预测，各地区将缓慢增加可再生能源的市场供给，"一旦看到比较实惠的价格，每个人都会要求联网使用。"

尽管如此，捕捉太阳能将是这个项目的最主要工作，沙漠已经成为新的"能量热点"。印度、中国和美国在开采沙漠阳光方面都投资很多。

最终，无论效果如何，多数国家的沙漠中至少有一部分可能会被用于创建太阳能电厂，谁都无法忽略太阳能的巨大潜力。

无叶片风轮机

 一家西班牙公司发明了一种方法，用没有叶片的发电机捕获风能。换句话说，从定义上讲这种涡轮机不再是涡轮机。

无叶片风力涡轮机获得了专利，专利文件说这是一种简单、环保、性价比高的风能利用方式。

这种风力发电机看起来像巨大的棒球棍站立在那里。它们是 12.5 米高的圆柱体，通过涡旋剪切的方式捕获风能。当风吹过并通过发电机发电时，发电机就会共振。该技术利用了涡度的概念，诸如空气等粒子在特定点旋转。有趣的是，驱动涡轮机的并不是风本身，而是风能产生的振动。

该公司解释说："当风的涡度与设备结构的固有频率匹配时，它就会开始共振，从而持续下去，无叶片风力涡轮机就可以捕获该运动产生的能量，像常规发电机那样。"

传统的风力涡轮机在风使涡轮机叶片旋转时发挥作用，涡轮机这时获得了用于发电机产电的动能。

无叶片涡轮机技术基于流体动力学。在传统的风力发电机

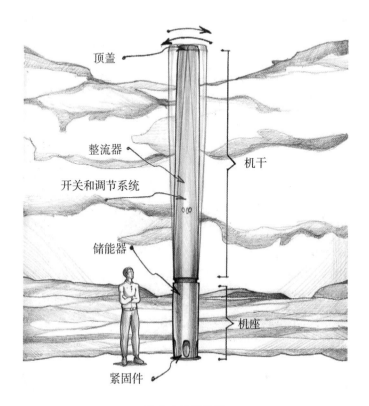

顶盖

整流器

开关和调节系统

机干

储能器

机座

紧固件

◎ 无叶片涡轮机

中，工程师和建筑师通常要避免涡流引起的共振，如人们想象的那样，这种使人惊恐的振动可能会摧毁建筑物、桥梁的结构。而无叶片涡轮机则可以依靠振动来发电。

尽管如此，要使设备运转，必须有充足的风。沙漠产生了大量的风，这就是为什么许多风电场位于沙漠中的原因。

当存在温度（大气压）差时就会产生风。浅色的沙漠比一般的陆地更多地反射了太阳的能量，这种环境中发热和冷却是高度不均衡的。大风是沙漠的副产品，两极地区也是如此。而海洋会产生大风则是出于相反的原因，海洋吸收热量多而反射热量少，也就产生了热空气/冷空气张力，从而产生风。

无论是位于沙漠还是海洋，对风电场的最大质疑声是，它们影响景观效果和占用空间。普通的风力涡轮机在其周围可能需要20.2万平方米的无障碍空间。无叶片涡轮机占用的空间仅是普通风力涡轮机的一半，并且还有仅2.7米高的低功率版本。而普通的风力涡轮机的平均高度为91.4米。

与叶片涡轮机相比，无叶片涡轮机可以布置得更密集。因为叶片转子需要更多的"扫掠面积"才能保持发电效率，扫掠面积是发电所需的风空间直径。

大型风力发电机的另一个问题是它们对自然的影响。历史上，风电场一直在干扰着沙漠和海洋的动植物栖息地，以及鸟类的飞行方式。无叶片涡轮机，没有叶片，并且设备的高度较小，"它不会打扰到野生生物，并且不影响鸟类在低空的飞行"。该技术公司正在与鸟类保护组织合作，以确保其发电设备不会影响到鸟类的飞行。

无叶片涡轮机不仅革新了如何捕获风能，而且还优化了未来的沙漠景观：大型的商用风车（叶片涡轮机）已经不见了。

海洋能源

沙漠可能是太阳能和风能的重要来源地，但海洋也具有巨大的能源潜力，也许比陆地上的可再生能源更多。

最近的一项研究说，在北大西洋上建一个大型风电场就可以满足全人类的用电需求。海洋中有更多的开放空间，风速比陆地上的更高。

海上风电场并不新鲜。考虑到海洋气候和盐度，主要的难题是如何建造以及电力传输。但是，潜入更深的地方就可以获得新形式的海洋能源：海洋热能和波能。

为了产生能量，海洋热能可以利用海底的冷水和表层的暖水之间的温度差异。海洋表层温暖的海水，用来加热诸如氨水之类的流体，流体的蒸气驱动发电机的涡轮发电。一旦流体蒸发能力下降就会流向另一台设备。在那台设备中，它会被深海虹吸上来的深层海水冷却。氨或其他流体一直存在于封闭式的系统中，充当着热能的交换物。

一些漂浮的海洋热能平台看起来像是人造章鱼，管道从装有热交换器和其他机械装置的平台上引导下来。

多家公司已开始运营海洋热电厂。2015 年在夏威夷，Makai海洋工程公司开发的全球最大的海洋热电厂开始运营。

日本在冲绳建立了一个示范项目。该电厂的产能为 100 千瓦。人们在这里可以看到海洋能源的未来前景。

从亚洲海区到美国东海岸，世界其他地区也正在开发这类电厂。

波能目前也得到了利用，波能设备有几种不同类型：

1. "终结器系统"利用垂直于波浪的腔室或管道。当水进入腔室后，被封闭其中，水的上下运动充当产生能量的活塞。

2. "衰减器型"沿着波浪前进，并使用泵捕获波浪破裂时的能量。

3. "点式波能吸收型"像浮标一样骑在波浪上，利用自身摆动来发电。

4. "漫顶型"本质上是位于水面上方的浮坝，它们利用冲过自身顶部的海浪发电。

全球范围内，波能的开发逐步增多。海浪农场，有时称为海浪园，正在葡萄牙（全球第一个）、澳大利亚、英国和美国的海岸附近运营。

很快，海洋里将不仅有海洋生物，电厂也会越来越多。

第5章

凉爽的屋顶和道路

人类在太空中最容易看到的地方就是拉斯维加斯。拉斯维加斯大道应该是地球上最亮的地方之一，国际空间站的宇航员甚至可以从外太空看到它。从太空拍摄的地球照片，证明这个城市在夜晚具有极高的亮度，而周边背景是黑暗的沙漠。

当然，亮度并不是来自太阳光。这里的电力消耗超过10亿瓦，所以"罪恶之城"中酒店和赌场的灯光才如此耀眼。在这里，世界最强的天空光束从卢克索酒店楼顶发出，光强达到423亿坎德拉，共有39个氙气灯发出垂直的亮光。曼德勒海湾赌场的外墙闪闪发光，有43层楼高。而在"凯撒巴黎拉斯维加斯"度假村，则拥有通体明亮的半透明"埃菲尔铁塔"。太空中看到的这些亮光都来自人类建筑和工程。不过，对于某些人来说，这也许是对大自然最深的亵渎。

拉斯维加斯以南 402 千米是亚利桑那州尤马市（Yuma），这里有着创纪录的日照时数：全年 90% 以上的时间阳光普照，每年阳光直射时间超过 4000 小时。大多数城市只有这个数值的一半。从自然光亮来看，尤马是地球上最明亮的地方。

尤马市由于缺乏云层，全年平均有 242 天是晴天。若有云就会将太阳光反射回太空，就像极地冰川或冬天的雪地一样。黑暗的地表或蓝色的海洋则相反，能吸收太阳能量，这称为反照率效应，反映了地球表面反射的太阳辐射量。冰具有很高的反照率，土壤由于色黑而具有较低的反照率，并且本身可以存储大量能量。尤马阳光明媚，无云日多，位于内陆，使得这里的陆地不断吸收着阳光中的能量。

尤马是一块面积 313 平方千米的平原，土壤呈褐色调，包括琥珀色、米黄色、栗子色和巧克力色等。有些地方颜色非常深，接近黑色，可以吸收大量热量。

全球各地越来越多的城市表现出尤马的热吸收效应。但日照和深色表层土壤并不是造成城市升温的主要原因，柏油马路才是。

大部分城市的城区中，吸光的"黑色区"正在增长，面积超过了"白色区"。

表层土壤捕获了超过 80% 的太阳热量，剩余热量反射回天空，最终进入外太空。能量驻留在地下或地表上方，提高了地表附近的温度。而颜色较浅的地表可以反射回60%的热量，从而使地表温度低得多。

城市中平均有60%的表面由黑色或深色组成，形成了人工热区。虽然全球城市面积只占陆地表面的3%，但到2030年，城市的面积预计将增加3倍。这意味着将聚集更多的人工热量，出现城市热岛效应。

可以想象，城市热岛会带来各种严重问题。蓄积的热量不仅会导致全球温度升高，还会造成污染并损害公共健康。例如，当汽车尾气被加热后，它们会变成雾霾。呼吸雾霾会导致呼吸系统疾病和哮喘发作，以及其他系统疾病。据统计，生活在加州高速公路152米内的人们由于汽车尾气，发生哮喘、心脏病、中风、肺癌和早产的概率更高。

城市人口激增，甚至开始超过非城市人口，人类健康、生活质量以及地球环境都不容乐观。"他们造好了天堂并建起了停车场"，这是乔尼·米切尔1970年的歌曲《大黄色出租车》中的歌词，与目前全球的情况恰恰相反。

城市热岛效应可以使市中心温度比周围的郊区高11 ℃。由于城市热岛效应和全球变暖，纽约市的前景看起来像反乌托邦的噩梦。《纽约》杂志描述了一些可能的高温灾难：饥荒、经济崩溃、酷暑死亡、瘟疫、空气毒害、持续不断的暴乱。简而言之，就是世界末日。

大卫·华莱士·威尔斯在《纽约》的文章"无人居住的地

球（注释版）"中说："我保证，这比想象的还要糟糕。如果你对全球变暖的担忧还停留在海平面上升这个后果，今天的小孩也会有这个认识，你看到的只是一部分的表象而已。然而，上升的海洋以及将要被淹没的城市，是全球变暖的主要后果，并主导了我们应对气候变化的能力，遮蔽了我们对其他威胁的认知，而这些威胁距离我们已经很近了。不断上升的海平面是有害的，实际上害处相当大，但是远离海岸线是远远不够的。

"实际上，如果不对数十亿人类的生活方式进行重大调整，那么到本世纪末地球的一部分将不再宜居，另一部分根本无法居住。"当然，他的文章主要针对纽约市的居民，不过美国的另一端洛杉矶也差不多是这个前景。

乔纳森·帕弗里说："我们正在卓有成效地重新覆盖街道和屋顶的表面。"他正在发起一个全洛杉矶范围内"屋顶降温"的法案。具体做法是掩盖掉黑色表面，如操场、停车场、小巷、屋顶、街道、人行道和篮球场等，使它们更具反射性从而降低局部温度。

帕弗里是洛杉矶非营利组织"气候决议"（Ciimate Resolve）的执行董事，该组织致力于培育气候变化的本地解决方案，希望一些方案在全球其他城市也能流行起来。他希望"屋顶降温"在全球范围内普及。

帕弗里现在五十多岁，在洛杉矶长大。他目睹了市区的复兴和繁荣是如何转变成一个商业和社会中心的。作为洛杉矶水电局的职员，他对气候变化带来的影响非常熟悉：电网供电的压力，公共卫生与福利问题，城市供热等。当他认识到"屋顶降温"有效果时，他就坚持推广它。这件事很有意义，可以使城市更加宜居。

"我认为这是双赢的。城市变得凉爽，我们将减少空调的使用，即减少用化石燃料发电的消耗。"帕弗里说。

2013 年，洛杉矶成为美国第一个要求所有新建筑屋顶都使用反光材料的大城市。目前正计划全面铺设反光道路。努力实现 2035 年城市平均温度降低 1.8 ℃的战略目标。考虑到那时全球气温预计可能跃升 2 ℃，这个目标有一定难度。

"屋顶降温"适用于房屋、车库、商业建筑的新旧屋顶表面。低坡屋顶和陡坡屋顶对太阳的反射率不同，具体要求也不同。大多数房屋的屋顶都是陡峭的，而商业建筑通常都有较大的、平坦的屋顶。

一般来说，更大、更平坦的表面会吸收更多的热量，反射率也受纬度和太阳角度影响。建筑商和屋顶工人必须考虑到这些因素，施工后才会有最佳效果。他们确实考虑了这些因素，不少新屋顶目前已投入使用。

洛杉矶市正按计划在整个城区安装数千个"凉爽屋顶"。洛杉矶市长埃里克·加塞蒂希望这种做法成为城市建筑的绿色标准。

"凉爽屋顶"除了可以将当地城市温度降低 2.8 ℃之外，还可以节约用水。美国能源部伯克利实验室的研究人员发现，如果在整个洛杉矶采用"凉爽屋顶"，将节省 3.1 亿升的灌溉用水。这只是洛杉矶一地，只算了用水量而没有算上其他环保效果。

像洛杉矶这么大或更大的城市，全球有 7 个。即使只有这 7 个城市使用"凉爽屋顶"，那么可以想象，将节约超过 38 亿升的水。这不是一个小数目，足以满足洛杉矶所有居民几天的用水量。

淡水资源是洛杉矶备受关注的大问题，因为这座城市一直都十分干旱。如果洛杉矶全城落实了"凉爽屋顶"政策，将减少排放 440 亿吨的温室气体到大气中，相当于 3 亿辆汽车在 20 年中的排放量。要知道这些气体排出时还带着热量。到 21 世纪中叶，像洛杉矶这样的大城市酷热天气的数量预计增加 2 倍。

城市中蓄积过多热量的代价巨大。由于医疗、劳动力和其他各种损失，到 2100 年城市经济损失预计将达到 11%。

拥有"凉爽屋顶"和反光道路的未来城市，可以维持健康和繁荣而蓬勃发展。

全球凉爽城市联盟是一个致力推动凉爽技术到更多城市的组织，它展示了一个凉爽的未来城市与一个有着黑暗屋顶和表面的城市。两相比较，区别很明显。

在凉爽的城市中，花草生长在漆成白色的楼顶上，自行车行进在灰色的街道上，空气干净又凉爽。即使在 27 ℃的天气中，人们也可以在街边餐馆享受户外用餐。

　　而在屋顶漆黑的城市，会出现高温预警，汽车排放着尾气，人们在室内挥汗如雨。空调在建筑物里全速运转，火电厂超负荷发电供电。两种城市对比明显。

　　C40 是另一个旨在让城市拥有宜居未来的组织。这个组织代表了全球 94 个大城市中的 7 亿人口，经常分享一些最佳环保实践经验。它也接受了凉爽屋顶的做法。所有这些环保团体敦促了各自城市官员将城市表面变成浅色，可能会从根本上改变地球的面貌。就像给地球涂了防晒霜一样。

　　凉爽的屋顶比普通屋顶颜色浅，反光道路的颜色比沥青浅。在夏季，市中心的一个黑色表面可能会达到 65.6 ℃或更高，干净的白色屋顶温度比深色屋顶低 10 ℃，这仅仅是改变颜色的效果。

　　将反光颜料与功能材料混合在一起，以保护屋顶免受紫外线照射，也有一定的冷却效果。微小的反射颗粒不仅可以阻挡辐射，还可以使屋顶表面更坚韧、更有弹性。在室内，温度已降低到不需要空调的程度。

　　目前凉爽屋顶的最先进方式是利用光伏板。

　　光伏板又称太阳能电池板。通过吸收太阳能而转化出源源不断的电能。

　　通过凉爽屋顶，可节省 15% 的建筑能耗。如果美国所有城市都这么做，每年可节省数十亿美元的财政负担。

城市里的其他表面也可以用涂色的方式达到冷却效果。芝加哥发起了一项绿色街区计划，以减轻城市热岛效应。新加坡正在铺设凉爽的人行道。其他城市也在将其黑色表面改造成浅色，如篮球场和停车场。洛杉矶主要聚焦于道路，要打造全球第一个"凉爽"城市。

仅在整个洛杉矶市区，就有 15 个试点项目打造反光道路，每个议会区有 1 个。"我感到很兴奋，但目前其他大城市还没有采取行动。"帕弗里说。

在洛杉矶西部山谷卡诺加公园一个阴冷的冬日，帕弗里从夹克口袋里拿出一把测温枪，对着地面开始测温。测温枪可以精确地测量地表温度，他发现人行道的温度是 18.3 ℃。几步之遥，他将测温枪对准黑色的沥青路面，那里的地表温度是 20 ℃。距该点 1 米开外的沥青路面覆盖着反光材料，那里的温度是 17.2 ℃。温度差别明显。

他说："邻居也喜欢参与这样的测试。"街道两旁是两层的居民楼，孩子们在人行道上骑自行车玩儿，几辆 SUV 停在路边，一家人牵着狗在路边散步。

反光道路消除了路面热量，降低了对狗脚掌的灼烫。夏季孩子们可以在户外活动，凉爽的室外环境使人愉悦。这在洛杉矶山谷地区等高温多发地带很重要，毕竟夏季时山谷会变得非常热，这里温度高时可能会保持在 37.8 ℃ 以上，与附近圣塔莫尼卡海滩之间的温差接近 11 ℃。反光道路在晚上也有好处，帕弗里指的是"耗电量更少",因为不需要太多路灯耗电。

　　工人在施工卡车上把浅灰色的油漆按桶分装好,然后将其喷洒在路面上,在整个路面上都铺上了一层,施工并不复杂。之前,阴影斑驳的树木、电缆线、电线杆与黑色的车道交织在一起。现在阳光从晴朗的天空照射下来,在浅灰色的路面上清晰地勾勒出树木等物体的轮廓。不过踏痕会使材料效果变暗,这就是为什么帕弗里竭力游说卡诺加公园社区,要建设成为世界上第一个整园涂反光漆的社区。这样一来,旧的沥青路面上的黑色污渍在新型反光道路上就不会那么明显。随着更多反光道路施工完成,黑色污渍将越来越少。目前而言,这条测试道路还只有几百英尺(1 英尺≈0.3 米)长,旁边就是一个黑色沥青路口。

　　帕弗里是在冬季的阴天里做的温度枪实验。如果在夏天进行,则黑色路面和涂层路面之间的温差可能更大。涂层还有一个额外的好处,它使道路更耐用。帕弗里说,造成路面恶化的主要原因不是交通负荷,而是阳光照射。

　　即使在万里无云的日子,也并非所有的阳光都能到达地面。太阳总辐射的1%被高层大气俘获后再进入地球表面。其中20%～25%的能量被对流层中的温室气体吸收。当遇到高反照率表面如极地冰盖、沙漠砂砾时,30%的阳光被反射回去,剩余的50%太阳能被陆地或海洋吸收。但是即使吸收了这些能量,也很难保存,最终这部分能量还会释放回大气和外层空间,成为地球自身热辐射的一部分。

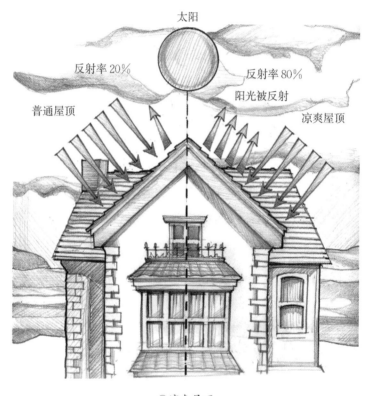

◎凉爽屋顶

地球和大气捕获的太阳能与流失的太阳能之差，保持了地表宜居的温度。目前，全球地表平均温度大约是 15 ℃。这就是为什么当更多的太阳能量被地表的深色物质吸收时，会导致全球温度上升的原因。反光材料有助于维持温度平衡。

很早以前，在诸如地中海地区和加勒比海地区等较热环境中的社区就发现，浅色表面具有冷却能力。虽然凉爽屋顶和反光道路看起来像是无害的工程壮举，但改善气候的效果看起来并不太明显。

2011 年，斯坦福大学教授马克·雅各布森发表了一项研究：当屋顶被漆成白色时会发生什么。他发现，反光表面并未冷却大气，反而增加了全球温度。雅各布森的数据显示，通过安装更多的反光涂层确实可以降低局部温度，并减轻城市的热岛效应，但地球整体上却变暖了。

为什么会这样？雅各布森发现主要原因是从地面反射的太阳辐射被大气中较高浓度的气溶胶吸收了。这些气溶胶与温室气体一起使得全球变暖。此外，他的分析表明，增加反射会反过来加剧空气污染。他宣称，如果某些地区继续大规模地采用"凉爽屋顶"项目，将会有更多的人因空气污染而死亡。

为什么不安装太阳能屋顶而是"凉爽屋顶"？雅各布森很纳闷。他说，至少吸收的能量被转化为动力——电能。

毫无异议的是，雅各布森的论文受到了科学界和环境界的广泛批评。备受质疑的是，他忽视了凉爽屋顶所节约的能量，间接减少了碳排放量。较低的碳排放量，能够抵消雅各布森发现的城市热岛效应和"凉爽屋顶"模型带来的这部分全球性的高温。雅各布森实际上在他的论文中提出了这一观点。"由于白色屋顶造成的局部冷却可能会减少（夏天）或增加（冬天）能源需求，从而减少或增加了碳排放量，而这些模拟中未考虑这方面的因素。在对白色屋顶对气候的影响进行任何重大评估时，都应考虑这个环节。"

虽然凉爽的屋顶确实可以在夏天降低建筑温度，因此降低了能源需求，但在冬天时建筑温度会降低更多，因此供暖的能源需求就会增加。雅各布森说，供暖的能源需求是制冷的 4 倍。因此，他呼吁进行更多分析，通盘考虑"凉爽屋顶"房子的取暖和制冷因素。在与他长时间的谈话中，他重申了对太阳能电池板的倡导，这种太阳能电池板能够产生冷却效果并同时制造电能。

仅考虑太阳的因素，"凉爽屋顶"会提高反照率并降低局部温度。但是人造材料和能源之间的复杂关系使得"凉爽屋顶"的效果并不明确，还有可能干扰云层，或加剧了全球变暖。

帕弗里同意"我们需要更多实验"。他认为，科学界的主流人士认为"凉爽"的策略是可行的，但是可能会有更好的解决方案。"我不知道是否会有。但如果有更好的解决方案，我十分支持。"

在更好的方案出现之前，帕弗里一直在努力，希望卡诺加公园成为世界上第一个人工降温的社区。

使用了几个月后，卡诺加公园中的反光路面布满了划痕。像大多数其他街道一样，上面也会有垃圾、树叶和烟蒂。这条很特别的街区，只有当阳光照耀时才魅力非凡。这个时候路面泛着阳光，看着很明亮，很凉爽！

防雾霾屋瓦

尽管雾霾（烟霾）这个名词才出现了一百多年，但雾霾现象已经存在了数百年。它是烟和雾的混合物，在阳光下进行着复杂的光化学反应。

当温暖的湿空气被束缚在较冷的上层空气之下，下部空气就会冷却成雾。里面如果混合了各种大气污染物的烟，就成了雾霾。

森林火灾或燃煤产生的烟雾会催生雾霾，汽车尾气也会产生光化学雾霾。当阳光与排气管中出来的氮氧化物和其他污染物反应时就形成了褐色雾霾。在城市和其他污染较重地区，雾霾越来越严重，危害着人们的公共健康。吸入雾霾会引发各种呼吸系统疾病和致命疾病。常见的症状是哮喘，也可能引起肺癌。

尽管污染物主要来自汽车、卡车、公共汽车等内燃机的排放，但火电厂和重型机械也可能是污染源。雾霾是酸雨的主要原因，酸雨会破坏湖泊和森林等生态系统。

随着越来越多的人迁移到城市地区，雾霾越来越严重。目前，全球91%的人口居住在空气污染超过世界卫生组织标准的地方。

不能让更多的人处于这种境况之下了。这就是为什么世界

500 强企业 3M 公司的发明如此重要的原因：它可以将含有致命雾霾的空气重新变得干净、新鲜。

3M 公司以生产胶带和黏合产品而知名。它找到了一种从空气中过滤雾霾的方法，避免危害人体健康。3M 公司将"吸雾霾颗粒"混入普通的屋瓦中，有害污染物可以转变为能改善空气质量的离子。当太阳光线照射到这种特制的瓦时，它就会发挥作用。借助瓦里的化学反应，可以将任何屋顶变成减少雾霾的利器，这是由于"吸雾霾颗粒"中有专门的光催化涂层。3M 解释说："当阳光照射到含有'吸雾霾颗粒'的屋瓦时就会产生自由基，并将氮氧化物转化为水溶性离子，从而改善空气质量。"

洛杉矶和北京以雾霾多发而闻名。一直以来，各大城市尝试过各种方案来减少交通拥堵并提高空气质量，但是雾霾依然存在。上述能够降低雾霾的屋顶可以用来清洁空气。虽然一个屋顶的效果很有限，不会对整个城市的雾霾产生太大影响，但一个个社区加起来却可以。

雾霾与城市热岛效应密切相关。黑色表面会吸收更多的太阳能量，从而升高了局部温度，增加了雾霾出现的概率。3M 公司这种利用太阳能来净化空气的方法有待推广。

酷 巷

芝加哥拥有比世界上任何其他城市更多的街巷。这些幽暗的地方会吸收和储集来自阳光的热量，使城市温度比郊区高出数度。炎炎夏日，市中心区域可能比郊区高出 5.5 ℃，这是名副其实的城市热岛效应。

为了削弱太阳的能量，芝加哥制订并启动了"绿色小巷"计划。市政府用较轻的、反光的材料重新铺设了 3058 千米的街巷，铺设的材料是可以渗透的。（芝加哥的街巷之前没有连接到下水道和雨水收集系统，导致一下雨就常有地方被淹。）与此同时，市政府正在鼓励居民建设花园、植树和安装节能屋顶，希望通过这些努力来降低城区的高温。

较高的城区温度损害了经济发展，一方面是能源如空调的成本较高，另外高温还降低了空气和水的质量，危害了公众健康。

一项研究预测，由于公共卫生成本和劳动力损失，全球变暖给城市带来的损失是郊区或农村社区的两倍。

芝加哥采用几种不同的技术来使小巷变绿变凉，具体考虑到了小巷本身的位置、宽度等因素。使用的材料包括可再生混凝土、橡胶和渗水性路面等，涉及完全更换巷道表面或只是涂覆它们。施工过程很高效，施工细节可以讨论，但极大地改善了城区的面貌。

实际上，芝加哥是摩天大楼的发源地。这里人口稠密，614平方千米的网格状城区中，居住了 270 万人。网格状城区中的街道簇拥在一起，很容易蓄积热量，尤其是在夜晚。而蜿蜒的城市格局例如波士顿，则更容易散发热量。芝加哥位于深色的密歇根湖畔，广阔的城市景观平缓地向西延伸到中西部平原，这里很容易吸收太阳的热量。到了晚上，城里的灯光交相辉映，天空是红彤彤的光污染带。

一个"夜空变黑"项目期待用光污染小的路灯取代传统的街道照明，将光线限制在路灯下。较暗的夜空将使这座城市更加接近自然状态，在夜晚可以看到星星，回到那种不受人造灯光中蓝光干扰的时代。蓝光还会扰乱野生动物的夜间生活并危害人类健康，例如扰乱我们的生物钟。

当然，完全放弃城市发展而恢复曾经的大自然也行不通。但是通过降低城市中建筑和市政建设中不利环境的因素，能够使芝加哥这样的城市更加合理地利用太阳能等能源。

— 第二部分 —

DI ER BUFEN

人
类

土地　海洋

第6章

智能土壤

大自然中的"原子弹"爆发在即，这次是在印度尼西亚（印尼）的热带雨林中。这里有着世界上最大的热带泥炭储备，其中蕴藏了 700 亿吨的碳，这些碳被锁在沼泽、泥沼和丛林中深褐色的植物残骸里。几千年来，这些植物的残骸不断腐烂，浸没在水中。泥炭比其他类型土壤含碳量高。如果所有碳都从这里的泥炭地里释放出来，将引发全球温度急剧上升和严重的空气污染。相当于突然间多燃烧了全球两年需求量的化石燃料。

印尼的泥炭地每公顷（1 公顷 = 10 000 平方米）含有高达 9000 吨的碳。这个国家有 1300 万公顷泥炭地，密密麻麻地分布在热带雨林中。热带之外的其他国家的泥炭地面积甚至比印尼还大。但这个国家的独特之处在于，这里的泥炭地正在以巨大的速度退化。这是对世界土壤系统最严重的破坏。当土壤不存在时，文明也将随风而逝。

土壤具有许多不可或缺的功能：支持动植物生存，过滤掉空气和水中的污染物，捕获和存储碳、氮、磷及其他元素，养护植被，承载建筑等。印尼的土壤由于非必需的原因遭到了破坏：为了我们能吃到油炸零食和有牙膏可用。

印尼的热带雨林大片大片地被烧掉，转而种植油棕树。棕榈油是牙膏、炸薯条、薯片、甜甜圈和快餐食品的主要原料。

整个印尼每年有数十万公顷的雨林被烧毁后用于耕种，转变成农田。这种做法使印尼成为世界上最大的碳排放国之一。当雨林里的原始土壤开始退化，它会释放大量碳到大气中。如果这种状态持续 100 年，那么排放的碳量相当于把全球土壤在过去 28 800 年中吸收的碳全部释放了出来。

2015 年印尼曾发生森林大火，大火燃烧了数月。那时候雾霾笼罩了整个东南亚，在短短 30 天之内向大气排放的温室气体就超过了美国同期的排放量。这相当于每天排放了 1600 万吨二氧化碳。

一辆普通汽车全年排放的二氧化碳不到 5 吨。想象一下1600 万吨是什么样的：漫长的高速公路上，滚滚车流排放着巨量的尾气，这是一个巨大的污染源。

世界银行等国际组织以及绿色和平组织等非政府组织，已经呼吁印尼政府制定新政策，以禁止油棕种植地的扩张，停止烧荒毁林。2017 年绿色和平组织的一份报告《棕榈油工业依然在危害气候》中，详细介绍了油棕种植者采用的破坏性耕作。令人不适的图像显示野生动物在烧荒毁林的空气污染中死里逃生，居民也不堪忍受这些污染。绿色和平组织写道："供应着全球棕榈油市场的公司继续砍伐着森林，持续引发了其他的环境问题和社会危机。"

尽管碳排放是一个巨大的问题，但目前对土壤的各种破坏也不容忽视。农民破坏性地种植油棕，土壤肥力消失之后再转移到新的土地上。他们不会为连续种植而养护土壤，心知肚明自己不会回来。他们离开之后田地一片荒芜。

烧荒种油棕并不复杂。在印尼、马来西亚和文莱三国政府管辖的婆罗洲岛上，在人迹罕至的热带雨林中，工人无视游客，继续砍伐树木。他们用铲车和铁链把木材拖到河中，木材顺流而下。这并不是一个好工作，没有生活设施，吃住都在肮脏的帐篷中。一般步行数小时才能到达公路，而到最近的村庄也要花数个小时。工人们艰难地走在丛林中，地面泥浆满布而难以行走，更不用说徒步旅行和拖运木材了，炎热和高湿使这里的环境变得更加恶劣。

在通往营地的路上有一个斜坡，一棵大树孤独地屹立在路旁。它遮挡了阳光，叶子绿油油的，树枝粗实，树干坚固。由于其尺寸和强度，避免了斧头之虞，毕竟将它砍倒运走并不容易。衣服破旧的伐木工人要干的活很多。6 个穿着脏衣服和泥鞋子的年轻工人短期内将砍伐尽可能多的木材，然后放火烧荒。屹立多年的树木葬身火海，被烧成灰烬，生长了几百年的大树的根系烂在土里。树变成了灰烬，将在耕作土壤时被翻埋土中，油棕取代了它。

在中国南海海域附近的苏门答腊岛上空，一架直升机监测到了火情，林子里有两个人在放火。全球最大的纸浆和造纸公司的一位管理人员，指出了这个事故的发生地和周边地区。当时几十英亩（1 英亩≈4047 平方米）的土地都被烧焦了。当农民通过烧荒的方式清理土地时，所有人都将遭受损失，包括木材公司。这位管理人员说，由于没有适当的防火设施，烧荒种地往往引发山林大火，就像 2015 年那次一样。损失是多方面的：森林生态系统消失，造纸公司有经济损失，动物失去栖息地，人们遭受着污染带来的健康问题。

即使有可控的烧荒办法，农民也很难放眼未来，不会去妥善地管理土地。这位管理人员说："我们必须培训他们。"单纯禁止砍伐木材和禁种油棕往往无效。人们需要先吃饱饭，否则就会为了眼前利益而牺牲长远利益。他们需要用钱换取食物。

当时两个纵火者看到直升机时，就飞速地逃进了雨林。很难确切地辨认他们的长相，他们像亡命之徒一样消失在视线中。但是被引发的大火在继续燃烧。

造成土地流失和土壤退化的罪魁祸首不仅是印尼政府和未受教育的伐木工人，传统农业也带来了很多损害。为了养活快速增长的人口，全球耕地一直处于紧张状态。种植单一作物、大型工业化农场的做法也是罪魁祸首。这一点在欧美发达国家很普遍。没有作物的多样化，土壤生态将失去平衡，走向死亡。

冰岛一度覆盖着茂密的森林，土壤肥沃。然后维京人来了，开始定居。他们开始耕种、伐木。人口不断地增长，农业需求也不断增长。现在，冰岛约有一半的土地受到严重侵蚀并变得荒漠化，生态损失很大。这就是罔顾地球生态，过度开发自然资源而导致的后果。

这和贾里德·戴蒙德（Jared Diamond）在他的书《大崩溃》中提出的问题是一样的：当复活节岛上的最后一棵树被砍倒时，人们在想什么？

他们反思了什么？我们反思了什么？没有任何反思！

按照目前的退化速度，全球地表的土壤可能会在 60 年内消失殆尽。大自然生成 3 厘米厚的新土壤需要 1000 年。这意味着给我们提供了大部分食物的耕地，正在迅速消失。粮食短缺的可怕设想即将变成现实。农民没有照料好土地，过度使用诸如农药和化肥之类的人工添加物只会逐步耗尽土壤的养分。地球肥沃的土地被变成了贫瘠的恶土。

庆幸的是，有越来越多的环保运动为使农田恢复生机而努力。通过使用智能土壤，农民可以在一个生长季中实现大自然一千年的造化。

智能土壤可为农作物创造理想的生长环境。这需要农作物轮作、管理灌溉、堆肥、使用绿肥作为肥料，从而最大程度地减少土壤扰动。

　　智能土壤打破了传统的耕作形式，让最有能力的农民组织起来，利用最合理的种植办法使产量最大化。

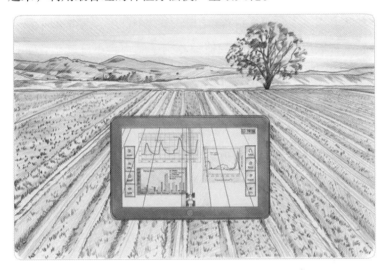

◎ Agrointelli 公司的耕作图

　　丹麦科学家约根·奥莱森（Jrgen Olesen）专门研究了农业系统适应气候变化的问题，他一直对可持续性农业问题颇感兴趣。在大约 20 年前的一项令人头疼的关于土壤氮流量的研究项目中，他发现土壤中的有机质流失是一个问题。氮在农业中起着至关重要的作用，因为它是肥力的主要成分。通过分析氮流量，奥莱森可以更好地预测农作物的产量。他发现：在欧洲范围内他研究的农场中，土壤中的有机质正在大量流失。更多的研究表明，全球范围内都在发生着同样的情况。

奥莱森坐在丹麦北部奥胡斯大学富勒姆研究中心的办公室里，他认为"这种现象令人惊讶"。他戴着眼镜，穿着黑色 T 恤、四分裤和凉鞋，脸上蓄着与短发很协调的斑白胡子。他说话铿锵有力，带有丹麦口音。"原本在更具生态多样性的草地系统转变成农田的过程中，我们预测到了肥力会下降，毕竟草地里的土壤有机质很多。但是这种情况竟然在草地变成了农田一百多年后仍在持续……"他不再说话，大家有些惊奇。土壤流失了就不会再回来，有机质在大规模流失。

土壤有机质由枯死的植物和其他腐烂的生物例如泥炭中的大量有机物组成。有机质是土壤肥力的关键，有助于实现自然界最令人惊奇的循环之一：从死亡和腐烂开始，然后再培育出生命，种子在里面生根发芽并长大。

有机质会分解为矿物质和微量营养元素，为植物提供着营养并刺激根系生长。根系植物突破重力和土壤的禁锢，穿透土层接受阳光带来的能量。每种植物都可以进行蒸腾作用。没有土壤有机质，就没有肥沃的土壤。没有肥沃的土壤，就没有农业。没有农业，目前的粮食供应很快就会中断。

事实证明，是人类造成了土壤有机质的流失。当我们建造城市、砍伐森林、过度耕作如大量使用化肥时，我们就破坏了土壤生态系统的活性，使有机质难以发挥作用。联合国粮食及农业组织非常清楚有机质的问题，正在努力采取措施，让各国农民认识到维护土壤健康的好处。

"任何形式的人为干预都会影响土壤有机质的活性……进而影响到土壤生态系统的平衡。肆意改变土壤生物的生存和营养状况的做法，例如反复耕作或烧荒，会导致其微环境的退化。反过来，又导致了土壤中生物量减少，无论是生物量总量还是多样性。若没有土壤生物降解土壤有机质并束缚着土壤颗粒，雨水、大风和烈日就很容易损坏土壤结构。这就导致了水土流失。"联合国粮食及农业组织在关于可持续粮食生产的报告中写道。报告中也提到了破坏的严重性："严重的土壤侵蚀会消除土壤微生物的能源来源，从而导致微生物种群死亡，进而导致土壤死亡。"

没有土壤的地球将是一个生命不复存在的地球。

20 年前的发现让奥莱森设定了一个宏伟的目标：改变世界的耕作方式，维持乃至恢复土壤健康。他开发了一个恰如其名的程序 SmartSOIL，该程序已被欧盟采用，用户遍及全球。这个程序是基础科学、技术创新和精准农业的体现，并且可以与一些高技术整合：遥感器、纳米技术、人工智能和机器人技术等。这是人类目前最先进的农业科技。当然，是否成功的"赌注"很高：我们的未来。

奥莱森的主要想法是，因地制宜，像外科手术一样修复土壤。就像一些手术一样，修复身体某些部位的最佳方法是使用患者自己的组织器官。以土壤为例，我们所说的技术就是充分利用自然界的自身元素：种植可以覆盖土层并作为氮源的三叶草和其他绿肥，加大农作物行间距，免耕技术，更长的休耕期等，这都是自然界已有的东西。当然，该系统也可以使用化肥和农药，这一点目前还有争议。有机农业运动认为化肥不利于作物生长和口味形成。奥莱森认为这种说法很幼稚。他说："绿肥中过多的氮同样有害。"例如，化肥中元素的流失要低于绿肥有机质中元素的流失。他说："因此，哪种效果好，我就支持哪种。"

当然，氮是植物生长所必需的。但是一氧化二氮是温室气体，其危害是二氧化碳的 300 倍。此外，它在大气中的停留时间几乎是二氧化碳的 3 倍，是臭氧层空洞的主要元凶。

土壤的形成是复杂的，有很多因素参与其中。杂草、日照量、温度、降水量、成土母质、耕作工具等，这些只是影响产量的诸多变量中的几个。仅仅因为某物被标记为"有机"并不意味着它产量高、更好或更健康。单靠大自然也会出现各种问题或植物疫病。SmartSOIL 的主要用途是在不牺牲土壤长期肥力的情况下，尽可能地提高土壤的生产力。

实际上，土壤是地球生命的母亲。它受气候和生物的影响，表面被空气包围，深处被岩石包围。美国土壤科学学会将土壤定义为"受行星表面或附近物理、化学或生物过程影响的松散的矿物或有机材料层，它包含着液体、气体、生物群落并支持着植物生长"。像人类的多样性一样，土壤随着时间演变成不同的类型。

土壤研究机构分类了 30 种土壤。从含沙的土壤类型（称为砂性土）到富含黏土的土壤类型（称为淋溶土），种类繁多。并非所有土壤都有利于植物生长，例如泥炭土，里面有机物太松散、太稠。为了使它适合种植，得先翻地，并且添加矿物含量更高的土壤成分。即使这样改造后，除了能种上述的棕榈树外，就只能在里面种一些根菜类蔬菜。

传统的农田需要混合适当比例的有机质才能种植。而令人惊讶的是，在智能土壤中，有机质仅占全部播种面积的 3%。

自从人类开始农耕以来，就一直存在土壤管理的难题。最早的农业起源于肥沃的新月地带，地域包括从现在的土耳其到埃及的整个中东地区，该地区形状像新月一样。大约在一万年前，人们为了获得生存所需的更多粮食，放弃了狩猎和采集的游牧生活，开始种植小麦和其他谷物等作物并饲养起了牲畜。当然，农作物并不会自动从地里长出来，人类得辛勤耕作。畜禽粪便可以作为很好的肥料。这就形成了一个作物-家畜协同生长的循环或农业生态系统。从此人类开始了漫长的定居过程。经过 20 万年的流浪、采摘、狩猎生活之后，智人根据季节更替、植物周期和诸如此类的经验，成为第一批掌握了大自然奥秘的人种。农业革命开始了。换句话说，人类通过开发土壤的方式开始了对地球进行地球工程处理。直到 100 多年前，农业还是人类主要的生活方式，大多数人在农场中生活和工作。全球经济依赖着农业，农产品贸易居全球贸易之首。然后工业革命使工业超越了农业。

如今，我们拥有可以为我们一直提供食物的农业机械。当土壤肥力不足时，我们就用农药和石油基肥料等人造材料补充进去。但是，若没有这些补充，土壤就没有肥力了，然后消失，这就是我们的处境。

奥莱森解释说："耗尽土壤有机质的主要原因是有机质很少再流回土壤，人们过度开发了土壤原有的以及新投入的有机质，就像有些地方收获了谷物之后，还带走了秸秆。发展中国家尤其如此，因为该秸秆可以用于饲养牲畜，也可用于烧火做饭等。他们甚至烧掉了牛羊消化秸秆后的牛羊粪……什么也没留给土壤。"他说，这不仅仅是发展中国家的事情。"如果我们看一下发达国家的农业系统，那么会遇到化肥引发的一些问题。化肥当然会提高产量，但它实际上减少了作物根部的生物量。因为使用化肥造成根部较小。如果收获时节人们将地上所有部分都收割了，那么问题就出现了。"生物质缺乏意味着农作物生长营养受限。

一个智能的土壤程序可以根据特定的农田气候适量地向土壤供应水分和养分。在奥莱森开展实验的 Foulum 研究中心，数英亩面积的试验田用于测绘、统计和检测。每一小块土地开展一个实验方案。

有一个三叶草实验。三叶草作为绿肥为土壤贡献了生物氮。但是，最佳生长数量和最佳生长条件是什么？

有一个耕种与免耕对照试验，分析不同的耕作深度下哪种产量高。

还有一个生物量实验，目标是利用一年生绿肥和多年生绿肥的不同效应，使生物量提高一倍，等等。

每块方形试验田地都经过精心的修剪和养护，旗帜、标志、立杆、标牌指示着不同的实验。这是一个面积超过 40 万平方米的室外实验室，风景壮阔，值得一看。

田野里开满了黄色的油菜花和野花。绿色随风滚动，土壤是色调丰富的棕色方块。成片的森林中，成材的树木高达 18～24 米。农舍和谷仓就在附近。除了偶尔的鸟鸣声，这里非常安静，这是一个可以随意伏身下来感受泥土气息的地方。

在春天里，清凉的微风拂过，明媚的阳光照耀着大地，人们思考着要怎样建立完美的农场生活。除了美学哲思，就是培育生命（作物），并与之共存。这些想象让人回到生活的根本，简单而纯朴。然而当你转过一个弯一切都改变了，那是未来所在的地方。

苹果公司庞大的新数据中心就在附近。它由钢材、各种零件和 16.7 万平方米的玻璃构成。从外观或用途上看着中规中矩，像一个机械怪兽，但不会产出燕麦或胡萝卜。它处理着一些无形的东西。公司收购了这片土地，也接管了这里的农场。

在美国，大型工业化农业蓬勃发展，农场平均规模为 179.3 万平方米。玉米等普通农作物每季每英亩的产量超过 3 吨。单靠土地本身不会有这么高的产量。为了高产，土壤中遍布传感器，卫星也发挥了作用。航拍照片和数据可以指示土壤的需求以及杂草的位置，土壤营养数据也可以精确地定位，从而可以绘制出肥料、农药和水的用量图。整地后，通常播种转基因种子，可以耐受干旱或抵抗病虫害，自动灌溉系统让种子生根发芽。

水是作物生长的重要因素。人类用河水灌溉始于公元前6000年左右。过了3000年，埃及国王梅内斯建造了水坝和水渠进行灌溉。今天的灌溉可以更精确地完成，在某些情况下甚至可以采用先进的滴管技术实现最大化增产。

浇水、施肥并监测根部形态后，通常会喷洒一些农药以防止害虫入侵和作物病害。到了收割季节，使用联合收割机和其他重型机械从土地上收获作物。之后，土地被耕作以备下一个季节使用。人们不断重复这个过程，直到土壤不再有肥力。

毫无疑问，农场就是另一种工厂，工厂旨在以最高效率进行生产。智能土壤管理就是这台机器中的一个齿轮。未来的农场将利用农业技术和人工智能来实现最大产量。大数据和深度学习可以高效地管理土壤，使其蓬勃发展。土壤过度开发和退化的风险可以使用计算机模型进行评估。农民不用再为产量低下而苦恼了，有分析师在背后研究着数据。

地球上几乎一半的陆地已被开发成农田，只有1%用于城市建设，其余宜居的土地被森林、荒漠或湿地覆盖。而300年前，只有不到 10% 的土地用于粮食生产。

随着人类开垦出更多的土地用作农场，肥沃的土壤不断萎缩。当务之急是要开发出其他的粮食种植方法，而不是继续重复着种植各种传统农作物来生产粮食。如果耕地不做农用，世界看起来与上述农业景观大不相同，将会有超过 8288 万平方千米的野外森林和植被，其中美国的农田面积不到 1036 万平方千米。

欧乐・格林（Ole Green）的主要业务围绕着未来农场展开。他是 Agrointelli 公司的首席执行官，该高科技公司因在农业领域提供智能解决方案而得名。公司的虚拟现实技术可以做出杂草分布图、农业机器人，甚至还有用于导航耕作的 GPS。他和我讨论未来的农场及其形态。

Agrointelli 公司位于丹麦迷人的城市奥胡斯郊外的农业食品科技园内。我在格林的办公室见到了他，他与公司每一位员工握手并说"早上好"。对，22 个员工分散在不同的办公室。格林打开了 PPT 做演示，这是一个预料之外的安排。

格林看上去 30 多岁，典型的丹麦男人，有着浅棕色的头发和山羊胡子，辨识度很高。他精力旺盛充满力量，说起话来滔滔不绝。因此，当他打开笔记本电脑并演示 PPT 第一张图片时，先停了会儿让大家做好准备。

显示出来的图片是老式的：上面是一个农民抓着犁的扶手，马拉着犁。他说："这是智能农业的一种""未来的农场就类似这样"。他解释了当中的含义：农民的眼睛相当于 3D 技术，驾驭马的过程是控制系统，农民对犁的感觉是动力传感器，马的速度是力量指示器并反映了土壤质地，马向前走就产生了数据，马粪是生物燃料，一切都体现着未来农场的原型。

切到下一张 PPT，无人驾驶拖拉机取代了马匹，卫星图像显示着土壤质地，各种硬件和软件取代了马拉犁照片里的所有元素。技术和创新使耕作更加精准，这就是为什么未来的农业形态是精准农业。格林说："机器人在这里不是为了下地耕种而是为了使任务自动化。""人工智能是主要驱动力，机器人可以像有经验的农民一样视听、感知和辨别。"

想象一下：卫星和无人机扫描着广阔的农田，测绘着地下水位、土壤深度和类型。数据被传送到基于人工智能的计算机模型中进行计算。天气预报和气候趋势也纳入了考虑。该区域被程序锁定并以 3D 形式进行了测绘。远程控制机器人清除着杂草。每行作物精确地按距离排列以实现最佳产量。更多的无人机用于播种和栽种。纳米技术传感器向计算机发送有关作物生长率和病害的信号。灌溉也被计算机控制。机器人用于采收农作物。

所有这些技术现在都有了，它们为了人类的福祉而被精心研发出来。但是，无论技术和自动化程度有多先进，土壤都无法被取代。就像水或空气一样，我们无法制造土壤，至少无法大规模制造。人类能做的就是用工程技术改造我们拥有的东西。

这就是为什么格林和奥莱森共同致力于 SmartSOIL 项目的原因，要将技术创新与良好实践相结合。

尽管如此，土壤的高产和过度利用还是要付出代价，即各种添加剂的危害。为了使智能土壤计划发挥作用，土地不能耕种过度。这意味着要容忍杂草生长。杂草通常会与作物争夺养分，使产量下降。因此，这是在免耕农业中经常会用除草剂灭草的原因。除草剂从技术上讲是一种杀虫剂，使用不当可能致命。多项研究表明，不同类型的除草剂与人类出生缺陷、癌症和死亡相关。当然，某些除草剂的毒性要低一些。

奥胡斯大学农业生态学系的高级研究员拉斯·蒙克霍尔姆说，土壤结构是一个复杂的问题，对于杂草和农业病害没有简单的解决办法。为此，除草剂用多用少取决于多种因素，包括土壤深度和土壤的致密性。他说："有很多不同的组合。"他为此选择了一个周日与我在研究中心办公室碰面，讨论了土壤的未来。

我向他和奥莱森提出了一个直截了当的问题："我们能把过度开发的土壤恢复吗？"他们抱有相同的想法："我们必须去尝试，我们必须去做农业教育。"一味担忧"恐怖"的一面例如过量使用农药或化肥的问题是错误的，无论如何得想办法使土壤恢复健康。大自然自身也会生病。我们要做的不是让人与自然对抗，而是实现两者的平衡。

但是，要教育小型农场主使用哪种除草剂更好，或改变他们代代相传的耕作方法，这并非易事。全球约有 5.7 亿个农场，其中大多数属于小型家庭农场。

农业教育是推广智能土壤计划的主要障碍。我们可以汇编出所有这方面的知识，但是要使土壤再次变得智能需要大量的教育。回想一下位于印尼、文莱、马来西亚三国交界处雨林中的那些无赖经营者。谁来教育他们？他们放火开荒不仅烧焦了土地，也夺走了他们自身和家人赖以生存的农业前景。想想看，这就是症结所在。

不得不重复诉说令人震惊的前景：除非我们对地球的土壤进行修复和技术改造，否则在 22 世纪到来之前，全球所有的土壤都可能丧失殆尽。那时候人类需要找到其他的粮食来源。

垂直耕作

世界上最大的立体农场在新泽西州的纽瓦克，一般人想到农业时并不会想到这个城市。

顾名思义，垂直耕作得名于种植作物的方法：垂直而非水平。通常在室内进行，将堆叠的架子或其他材料用作苗床，而不是成排铺开。它可以最大限度地利用空间，这就是为什么在城市环境中可以找到许多垂直农场的原因。

新泽西农业设施背后的公司 Aerofarms 利用较为先进的技术，在没有阳光和土壤的室内种植农作物。

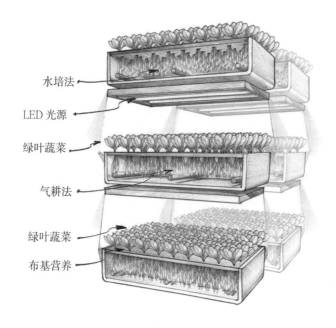

水培法

LED 光源

绿叶蔬菜

气耕法

绿叶蔬菜

布基营养

◎立体农业作物架

Aerofarms 认为，在纽瓦克占地 6503 平方米的立体农场中，每年可以收获多达 907 吨的绿叶蔬菜。相应地，美国传统农场的绿叶蔬菜产量略高于 16.3 吨。显然，产量差异巨大，这是立体农业被吹捧为新的"绿色革命"的原因。

该公司拥有多项授权的专利技术，可以优化生长条件，并且比传统的田间耕种方法节省 95% 的水，比水培法少用 40% 的水。水培法是一种常见的室内栽培技术，已经广泛应用于温室花卉和其他需要控制环境的花卉行业中。人造光源取代了太阳光，并且植物可以在室内堆叠起来实现最优产量，不需过多的人力成本。

我们许多人可能还记得在小学时利用水培法来学习植物学，当时用的是生菜或罗勒。气耕培养使无土栽培变得更加流行。Aerofarms 表示，它用渐进的办法来实现超高产量：用 LED 灯为每个植株做出特定的光照配方，以最节能的方式提供着光合作用所需的确切光谱、强度和频率。Aerofarms 表示，在用同样的种子的前提下，公司所用技术的生长周期是传统大田的一半。综合各种技术使得每平方英尺（1 平方英尺 ≈ 0.1 平方米）的生产率比传统农场高出近 400 倍。

智能数据是这个"魔术"的一部分，整个生长周期都离不开它。这意味着要分析成千上万的数据点，以确保一致的生长结果。室内条件本身也有助于作物生长，它减少了虫害和病害的机会。Aerofarms 使疾病防控更进一步，使用一种特制的可回收布进行播种和收获，这种布使得植株间几乎没有相互感染的机会。该公司表示，所有这些流程确保了每平方英尺的高产量。

立体农业并不新鲜，它的前身可以追溯到温室。温室早在13 世纪的欧洲和亚洲就已普遍存在。技术进步和城市化的结合带来了新的可能性。现在立体农业在全球的大城市流行开来。在伦敦，一个立体农场开在一个有年头的防空洞里。在日本东京，立体农场进入家庭。家里也可以成为安全和高产的生长环境，毕竟有些人更喜欢在家里种植食物。著名韩裔美籍厨师张大卫是 Aerofarms 的合作伙伴之一。他说，立体农场的绿色食材往往具有卓越的质地和口味。

照明器材和各种技术加在一起，立体农业的成本并不低。据报道，Aerofarms 在纽瓦克的农场建设成本为 3000 万美元。实际上，如此之多以至于有些观察家质疑立体农业是否可以盈利。撇开成本不谈，在更少的空间上种植更多的食物是全球趋势。

无人机农民

在发展中国家，每年病虫害危及将近 50% 的农作物。在像美国这样的发达国家中，病虫害危及四分之一的农作物。事实证明，人工检测病虫害然后喷洒农药的传统办法有待完善。无人机可以帮忙。配备红外传感器的无人机可以扫描广阔的农田，排查病害地块，甚至可以看出潜在病因，然后实现精准地喷洒农药。

位于堪萨斯州的 AgEagle 公司是一批新的高科技公司之一，这里研发的无人机能够扫描田地并收集数据。AgEagle 公司的无人机采集的数据先被传输到一个专门的数据平台 FarmLens 上，平台可以分析数据并将调查区域的详细信息可视化，其分辨率之高，可以通过平台看清每平方英尺的田地。平台会给出整治办法或解决方案，例如增加或降低多少灌溉量，农药喷洒增加或降低多少等。整个流程都是自动化的、可预测的，整个农场能够呈现为一系列数据点，做到即时、远程地解决问题。因此，农田信息系统是人类肉眼无法比拟的。

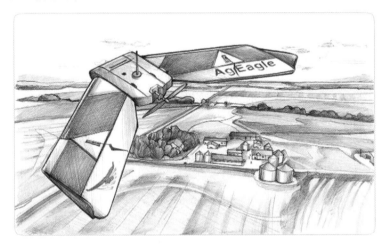

◎ AgEagle 公司 RX-47 型农业无人机

该公司的 eBee 农业无人机已经出口到 50 个左右的国家或地区。eBee 看起来像是微型的隐身轰炸机，上面配备有多光谱传感器和专用摄像头。这种看起来具有反乌托邦风格的机器如果可以在全球范围内大幅减少农作物的损失，那么就可以节省出大量耕地，从而不必为了养活人类而牺牲土地，这意味着技术能够保护大自然。

小型农场也可以从农业技术中受益。过去的 80 年中，自从大型农业集团公司出现以来，数以百万计的小型家庭农场已经破产。公司经营的大农场拥有大片农田，生产农产品的效率较高，使他们可以获得规模效益，小型农场没有竞争优势，总计数百万英亩的农田被抛荒。现在，先进的农业技术可以使小型农场重获竞争力。机器人采摘机、土壤质量监控、大数据和无人机，再加上人工智能，可以为小型农场带来较高的生产效率，这样可以使小型农场的经营变得可行，让一些抛荒的田地恢复先机。

第7章

云彩增亮

夏季波斯湾的海水温度通常在 32.2 ℃ ~ 35 ℃。它和阿拉伯半岛对面的红海同为世界上阳光充足、最为温暖的海域。

当地气温可能有 43.9 ℃，当你一开始从海里出来时，微风吹拂着裸露的皮肤会有一点凉爽。但是站在海滩上时，地表蒸腾的热量马上包裹住了你的腿。对于习惯在其他海洋或湖泊中畅游的人来说，这里给人一种新奇、相反的体验。波斯湾海水的平均温度比气温低约 16.7 ℃。

站在岸上，一滴滴海水从你的皮肤上滑落。风带走体表的水分，水滴顺着身体落在沙滩。波浪轻轻地冲到沙滩上，静静的几乎没有声音。沙滩上的人发出很多的"唔"和"啊"，这些声音不是在感叹蓝色的波斯湾，也不是赞叹中东沿海的旖旎风光。这是痛苦的呻吟！海滩上的沙子很烫，你跑过去取毛巾，脚底被烫得生疼，就像电影《十全十美》中的达德利·摩尔一样发出"唔""啊"的声音。

当皮肤变干后，盐继续刺痛你。过去的 20 年中，这里的海水盐度激增，增高了 1.5 倍。气候变化给人带来了"皮肤发麻"的直接感受。全球温度升高引发了更多的蒸发，从而使海水中留下更多的盐。一些海洋科学家声称，该地区海水淡化厂的增加加剧了海洋盐分升高。海水淡化后，流回海里的水盐分非常高。

这里的海洋生物也很遭罪。最近的渔业研究表明，到本世纪末，波斯湾中的生物多样性可能会丧失很大一部分。用环境生态位建模的研究表明，由于全球海洋温度升高和盐分升高，海湾地区适合海洋生物生存的区域正在缩小，使得生态系统中生物多样性降低了 12%。

更令人震惊的是：大量投放到阿曼湾附近的海豹型机器人发现，在马斯喀特海岸附近发现了一个面积与佛罗里达相当的死区，并向下延伸到阿拉伯海。这一区域以海盗和政治动荡闻名。死区是由于海水变暖或污染过重使海水携氧量变得特低的区域，海洋动物在里面难以生存。

尽管海洋生物的生存环境恶化，但在阿拉伯半岛的两侧海湾发生了一个奇怪的现象：红海珊瑚礁较为繁盛，虽然经历了与波斯湾几乎相同的海水温度升高过程。

世界上大多数珊瑚礁成为全球变暖的受害者。海洋的温度变化导致海水酸化，进而破坏了珊瑚。红海的珊瑚没有发生太多衰退，这看起来比较异常。

研究珊瑚的科学家说，红海的珊瑚在长达 6000 年的时间中，从温暖的印度洋向北迁徙了数百英里到达较冷的地方，它们自身还保有适应较高水温的能力。但较快的升温过程是杀死其他海区珊瑚的主要原因。自 1901 年以来，海水温度每 10 年平均上升 0.07 ℃，并且在可预见的未来，还将继续升高。0.07 ℃的温度上升看起来并不高，但海洋环境非常敏感。年复一年如此微小的增长，也能逐步杀死包括珊瑚在内的形状各异、大小不一的海洋生物。

珊瑚专家声称，这些珊瑚具有独特的温热海区特征，逐渐适应了数千年的海水温度变化，世界上其他海区的珊瑚没有经历过红海珊瑚这种慢性过程。

从技术上讲，珊瑚是一些活的动物类群。因为它们不参与光合作用，相反还要依靠其他生物为食。它们通常以浮游动物和其他小型浮游动物为食，并且像所有动物一样能够排泄废物。

我们通常简称的"珊瑚"，实际上由数千个称为珊瑚虫的生物组成。它们身体柔软，但有坚硬的外骨骼。外骨骼组成了我们常见的珊瑚外形。珊瑚虫附着在海底、岩石或其他珊瑚体上，聚成一个个群落，因为珊瑚虫体内有大量共生虫黄藻，使它们看上去五彩斑斓。

　　珊瑚是地球上最大的生命生产者。在过去的 2500 万年里，它们吃下食物排泄出废物，藻类又利用这些废物进行光合作用。这使珊瑚群落不断生长并扩展到珊瑚礁。然后，珊瑚礁变成更多海洋生物的栖息地，为整个海洋生态系统奠定了基础。

　　但是珊瑚对环境变化非常敏感。如果海洋温度升高太多或有更多的阳光照射，或者它们所依赖的营养物质减少（如浮游动物，详情在下一章有说明），则珊瑚会驱逐在其体内生长的藻类，这会使珊瑚变白，称为珊瑚"漂白"。

　　漂白的珊瑚已处于死亡边缘，并最终可能死掉。19 世纪 80 年代以来的记录表明，全球的珊瑚漂白现象达到了前所未有的水平。世界上 70% 的珊瑚礁暴露在较高的海洋温度下，生存受到了威胁。毋庸置疑，这也威胁着人类的生存。珊瑚礁中产生的许多海产品，是人类重要的蛋白质来源。珊瑚帮助藻类产生氧气，珊瑚礁对于全球生态系统不可或缺。

　　约旦政府正在采取一些激进措施，将垂死的珊瑚礁移至红海，尝试使它们恢复活力。通过人工方式将它们与红海中古老而耐高温的珊瑚融合在一起，希望新种植的珊瑚能够活下来。

　　《国家地理》杂志报道："在 2012 年，一组潜水员将来自约旦南部海岸和阿尔德雷地区的珊瑚放在篮子里，置于水下，向北运送了将近 3.2 千米。他们使用了特制水泥或金属结构，后者用于保护移动的珊瑚，珊瑚被重新种植在受损的珊瑚礁上或孔穴上。较小的珊瑚群落被移至保育设施中。显示移植成功的缓冲期过后，2018 年，政府向公众有限开放了位于亚喀巴海洋公园的这一新景点。"

如果这个受到密切监管的保护工程随着时间的推移被证明是成功的，则其他的珊瑚礁也可以采用类似的办法"重新种植"。对于澳大利亚沿海的大堡礁来说，这可能是一个充满希望的尝试。它是世界上最大的珊瑚礁，也是地球上最大的生物体，面积相当于意大利大小。在太空中都可以看到它。这里壮观的生命奇迹也成了物种死亡和人类破坏环境的一个警示。

有许多计划试图将衰落的大堡礁从众多威胁中拯救出来。主要的威胁是气候变化。有项目打算向澳大利亚农民支付一笔费用，让他们少排放一些流到海洋并破坏珊瑚礁的有毒污水。当农民施用化肥后，水把化肥冲刷进溪流和河流中，然后入海，最终流向珊瑚礁并破坏了珊瑚。还有一个计划是将吃海星的巨型海蜗牛投放到这一海域，这也有助于恢复珊瑚种群。荆棘冠海星以珊瑚为食，最近这种海星种群骤增，危及了大部分的珊瑚礁。海星骤增的原因尚不清楚，据推测是缘于气候变化。还有其他计划打算增加珊瑚礁海域的巡逻，防止非法或过度捕捞破坏生态系统，进而破坏珊瑚种群。如果没有大鱼吃小鱼，也没有小鱼吃虾米，藻类就会长满珊瑚礁造成珊瑚窒息而死。澳大利亚政府甚至还动用了波浪机器人来监测海岸线，从而收集重要数据以进行更好的海洋清理工作。这些机器人被称为 Wave Gliders，可以自动巡游、收集实时天气和水质数据。

　　但是，没有哪个计划比得上下述两位人士拯救珊瑚礁的雄心壮志。一位是生于英国、研究云的物理学家约翰·拉瑟姆（John Latham），另一位是生于南非的设计师斯蒂芬·索特尔（Stephen Salter）。他们梦想着增亮天空中的云以冷却海水，起到保护海洋生物的作用。他们保护的目标最初并不是大堡礁，也不针对任何特定的礁石。但是事实证明，珊瑚礁和其他濒危海洋生物，可能是阻止全球变暖的最大受益者。

　　拉瑟姆是一位令人尊敬的英国物理学家，研究了近半个世纪的云层。他创立了曼彻斯特大学大气科学中心，荣获了很多气象学奖项。他还是一位屡获殊荣的诗人，写诗为他研究气候科学提供了一些特别的灵感。

　　索特尔也以另外的方式处理科学问题。他 81 岁了，仍很乐意与我交流。他任职于爱丁堡大学，喜欢教学，传授如何将学术成果转化为实践。

　　拉瑟姆的想法是增亮海洋云层以更多地反射太阳的能量，从而冷却下方的海水。索特尔设计了一种大胆易行的方法：一队自动导航的游艇穿越海洋并将海水喷入空中，海水蒸发使云层变亮并反射阳光。众所周知，反照率效应通过白色或浅色表面将太阳能量反射回太空。云自然可以做到这一点。根据拉瑟姆的气候模型，通过向云层核心区域喷洒海水使其更亮，可以提高其反照率进而冷却云下的物体。这样即使二氧化碳的排放量增加了一倍，也足以平衡地球的升温。

增亮海洋上空的云的想法可以追溯到 1990 年，当时拉瑟姆在《自然》杂志上发表了一篇题为《控制全球变暖?》的文章。作为云物理学家，他深知云在控制温度和天气方面的作用，他还知道怎么做能改变云的组成。例如，远洋航行的船只可以使航线上空的云层变亮：引擎排出的硫酸盐飘浮起来与形成海洋云的水蒸气混合。正如卫星云图显示的那样，它们明显变亮了。

海洋上空的云不同于陆地上的云。它们通常悬留在低空，可以反射掉 10% 的阳光。海洋云也比大陆云携带更大的水滴。较小的水滴由于"云的生命期效应"而更具反射性，这可以解释为，更高浓度的水滴会形成一个虚拟的遮光罩，看起来也较亮。气溶胶或污染会增进这种效果。船舶排放的污染物进入到海洋云时就证明了这一点，云层变得更具反射性。

拉瑟姆当初发表的增亮海洋云的文章中，有一幅图像描绘了法国海岸附近大西洋上比斯开湾的航道轨迹，与没有航道轨迹的区域相比，船只刚刚渡过的区域上方，其云层更亮。一张宝丽来相纸大小（10.75 厘米×8.85 厘米）的墨迹图呈现出长方形的黑色斑块（大海），周围是薄薄的、灰色斑驳状的一层层云。上面有一道道标记：航道轨迹。在暗淡的波涛汹涌的背景下，航道轨迹的图案是线性的、非自然的。在航道轨迹的上方，有一些隐约可见的白色小斑点，边缘比较明亮，像烟火一样。这些就是受到船舶影响的海洋云。

拉瑟姆的设想是复制这种现象：可以用盐水代替船上引擎

的硫排放，同样会产生"云的生命期效应"。大规模进行就可以实现全球冷却。但是，除了全球变冷之外，拉瑟姆还发现，增亮海洋云层还可以用来改善局部的天气，例如保护珊瑚礁、避免冰盖融化或降低飓风强度。

"从原理上讲，海洋云增亮与其他一些太阳辐射管理策略的不同之处在于，它也可以在很小范围内部署，从而提供了一系列区域性的应用。它可能将局部海洋表面冷却，用于减轻甚至避免某些区域性变暖的结果。这种效果目前正在验证，预计在未来几十年内成功。"莱瑟姆写道。

文章发表后，拉瑟姆与索特尔进行了一项合作，使他实现了亮化海洋云层论文中的构想。

索尔特发明了索特尔鸭（Salter's Duck），一种可在海洋中像鸭子一样摆动并将波能转变成电能的装置。他对拉瑟姆的想法很感兴趣。当然，他一直期待能够做些事情来"拯救地球"。他制造了一种能够自我维持的设备，可以精确地将一些海水喷发到空中。他打算把这种设备装备到可以在海洋中漫游的无人驾驶船上，这是一个挑战。

他构想了一个长达 40 米、300 吨位的双体船，船上有一个高筒物。设计图显示，一艘光洁的白色游艇可以变成先进的科研船，操纵方式和加勒比休闲游轮一样便捷，为降低温室效应带来了希望。

索特尔说，他首先要考虑的是能源。他需要两种动力：一种用于开动船只；另一种用于喷水的设备，转动的转子将空气和海水通过一个大喷嘴向上喷出。定位船只的设备和计算机也需要能量来运行。

为了获取能源，他决定使用风力发电，造了一艘外形像美洲杯帆船赛中的船只。超轻薄的铝材使这些"超级游艇"能够像滑翔伞一样轻快地滑行。索特尔需要尽可能地减小阻力或摩擦。他不关心速度，他需要重点解决喷水船喷发盐水时的阻力。

◎索特尔设计的喷水船

与传统的帆船设计不同，索特尔向弗莱特纳旋翼船寻求设计灵感，船上树立的圆柱形装置可以捕获风能并推动船舶向前行驶。他接下来要考虑的是过滤，如何设计出不会阻塞的系统？一旦水从海洋中泵出，先穿过索特尔设计的高约 20 米的转子。盐水将从转子顶部喷出。若装置堵塞就会停止运转。他最终利用了一种能够从水中滤出脊髓灰质炎病毒的微孔膜。脊髓灰质炎病毒可以通过水体传播，人类已经研发出有效的过滤器将其清除。通过接种疫苗的办法，人类最终消除了这种传染病。无论如何，能过滤脊髓灰质炎病毒的滤膜的滤孔小至几纳米，一般不会堵塞。这好比将 10.5 亿个这样大小的病毒穿过 20 厘米大小的硅片，这难不倒索特尔。这样可以产生所需的微小射流，以产生特定大小的液滴，从而能起到与云凝结的作用。

按照索特尔的设计，船只移动后海水通过抽水机被抽上来，然后穿过转子和管道，像淋浴头一样向上喷出。产生大小合适的液滴（0.8 微米）很重要，它们必须足够小，才能够升到空中变成云；而比较大的液滴会落回海洋。一旦水滴上升凝结到云中，云就会变亮。云构成的屏蔽层越亮，越能偏转太阳的辐射。科学术语中称之为辐射效应。海洋云增亮会减弱辐射效应，这意味着它有能力阻止局部温度升高，进而阻止全球温度升高。

在大气层顶端，太阳以每平方米 1360 瓦的能量照射在这一区域。将这种能量推算到全球范围就是一个巨大的数目，仅仅几分钟的能量就足以满足全球人口一年的能源需求。超过一半的能量在进入地表之前被大气吸收，主要是被云吸收。海水喷雾使云层变亮，使到达地面或大堡礁的太阳能量减弱。

海洋云增亮似乎是无害的，没有任何人工物被添加到大气中。众所周知，索特尔设计的船唯一要做的就是在海洋中喷雾并使水汽上升成云。可能会有一些负面后果，如天气模式的意外变化。

大范围的气象影响往往是长程效应。理论上就像蝴蝶效应：一个地方的天气变化通过某些因素影响着整个大陆或海洋的天气。这些模式遍布全球，允许气象学家可以模拟其中的变化。厄尔尼诺现象就是一个经常被讨论的长程模式，与之相反的是拉尼娜现象。

美国国家气象局的气候预测中心将这些模式定义为大气中波和射流的变化。这会影响到温度、降雨和风暴强度。

从技术上讲，厄尔尼诺现象是南方涛动的一种异常模式，这意味着南美洲太平洋沿岸出现了异常暖流。这给美国的墨西哥湾地区带来更多降水，并使美国东北部的冬季较为温暖。拉尼娜现象通常会带来相反的效果，这由秘鲁沿海同一地区的凉爽洋流引起。厄尔尼诺在西班牙语中意思是"基督的孩子"。两个世纪前的秘鲁渔民发明了这个词汇，他们最早注意到了圣诞节前后的海水变暖现象。

人工干预这些古老的气候模式，如将海洋云增亮，可能会引发一些意外天气。一些气候学家认为，如果要在大西洋上进行海洋云的增亮，可能导致亚马孙雨林完全枯竭，这将是灾难性的后果，亚马孙雨林为全球提供了大量氧气。此外，"尽管已经针对气候对地球工程的响应进行了详细研究，但很大程度上尚不清楚对生物多样性的影响。物种为了避免灭绝，必须适应或迁徙以应对不断变化的气候。"在 2018 年 1 月的《自然生态与进化》杂志上，马里兰大学研究员克里斯托弗·特里索斯指出。

索特尔指出，该文章并未提及海洋云增亮，但"对各种地球工程都充满了敌意"。他不回避海洋云增亮带来的问题，相信能够更精确地增亮海洋云，这样就不会对地球造成任何伤害。当然，他还提倡进行更多的测试和实验。

特里索斯在一次对话交流时对海洋云增亮提出了批评：突然地实施或突然地终止（终止性休克现象）可能会对物种造成毁灭性打击，毕竟地球从未经历过这些现象。动植物，乃至人类都只能适应特定的气候。各种物种只能在特定条件下生存。例如，热带植物暴露在较低温度下会迅速死亡。将这种情况推算到地球上所有物种，就会产生巨大的灭绝效应。

特里索斯说："因为我们依赖着全球的生态系统，所以我们应该了解干预太阳辐射将如何影响生态系统。"他指出，当他第一次了解太阳能地球工程学时，他认为这是疯狂的，像科幻小说一样。然后他意识到有一些正规的想法值得一试。这是他一开始的想法。他的大部分研究涉及在平流层中注入气溶胶，这样云中水滴因为粒子而凝结，增加了反射。他还研究了海洋云的增亮。他说："两者都有物种灭绝的风险。"实验若突然停止，温度就会快速回升。他非常关注物种适应气候变化的问题，物种几乎没有时间适应剧烈变化。随着平流层气溶胶的注入，在几个月之后温度会回升。这意味着，如果是没有太多滞后期的项目，遇到问题就有时间调整该项目，或者寻找其他解决方案。但是随着海洋云增亮，"一旦失败，几天之内你将很快失去云层……"他说，"而且你会拥有一个更温暖的地球，那将是一件非常糟糕的事情。""除了干旱以外，还可能爆发大规模的野火。"特里索斯补充说。

他强调，这都是理论上的推测。关于太阳辐射管理的效果，这类研究很少，而对海洋云增亮效果的研究则更少，值得进一步关注。

尽管如此，澳大利亚悉尼海洋科学研究所的科学家依然认为，增亮海洋云是拯救大堡礁的绝佳机会。

悉尼大学的研究员丹尼尔·哈里森（Daniel Harrison）表示，他和其他科研团队研究了各种保护珊瑚礁的方法，而增亮海洋云最有希望，因为它有可确定的目标。他说，可以对珊瑚礁的一小部分进行测试，如果该项目可行，"就可以扩大到整个珊瑚礁的规模"。

必须进行全面的建模以确保海域降温，从而更有利于珊瑚的生长。迄今为止，理论模拟结果让他大受鼓舞。澳大利亚政府现在正在资助一项可行性研究，全面探索海洋云增亮能否作为保护珊瑚礁的方法。

当然，索特尔设计的船只可以用来进行大堡礁上方的海洋云增亮。但哈里森说，目前有很多选择：陆上喷雾装置，装在船上的类似造雪机的机器，或可以固定设备的浮动平台。

哈里森不太担心负面影响。他说："影响将很小。"先在局部海域增亮海洋云，这将减轻副作用的累积。他计划着将研究团队建立的海洋大气模型，纳入海洋水质和礁石分析模型中。

如果确实在计算机模型内发生了有害的连锁反应，就停止该试验。"要么根本不起作用，要么可能比我们想象的要好。"哈里森说。

为了冷却大堡礁，须间歇性地利用海洋云的增亮作用。哈里森说，这意味着在濒危的珊瑚礁区域一次只能连着喷洒几周。而且只有在夏天礁体周围的海水最温暖时才可以进行喷洒。

他直言不讳地指出，总体上没有降低海洋温度进而降低珊瑚礁温度的灵丹妙药。他说："这并不需要减少碳排放。"

当然，减缓碳排放的速度不会像预期的那样迅速或有效。在未来几十年中，海洋仍将处于史无前例的变暖趋势。

派往世界各地港口的反照率游艇船队能否拯救世界？这不是一个简单或便宜的主张，人们也无法不去关注可能的负面后果。

索特尔估计，若每年投放一支 50 艘船组成的船队，每艘造价约 200 万美元，可能会抵消全球一年的二氧化碳排放量。它可以控制海洋升温。与全球变暖相关的经济损失（数万亿美元）相比，海洋云的增亮是一个相对便宜的解决方案。

一群硅谷投资者几乎要下注了，为反照率游艇的前期项目提供资金，但是计划失败了。英国政府也提出了要为该项目提供资金的想法，但没有落实。

拉瑟姆和索特尔仍然满怀希望，资金赞助会有，他们的梦想也会实现。

他们最终的预想是：1500 艘无人驾驶的反照率游艇在海洋中游弋，向天上喷着海水，就像座头鲸喷水一样。根据季节遥控游艇到高温海域，也可以提前躲避即将出现极端天气的海域。大堡礁等地区将根据需要得到处理，然后船队继续前进：不断地增亮云，向天空洒水从而冷却了全球各地的水体。如果你能想象在薄雾中看到彩虹，那就是梦想吧。

阳光和海藻

海藻通常被称为海洋中的"树木"。像树木一样，海藻从大气中吸收碳，并为其他生物提供了生存空间。在海洋中，较低的碳含量可能意味着较低的水温和较低的酸化程度。当海洋温度升高时，海水酸化就会发生，从而破坏了海洋生物和珊瑚等物种的栖息地。

　　那么，为什么不种更多的海藻来保护海洋和海洋生物呢？这就是著名气候科学家、《阳光与海藻》的作者蒂姆·弗兰纳里（Tim Flannery）认为应该做的事情。他的计划是对全球各地的大型海藻农场进行地球工程设计。

　　澳大利亚的弗兰纳里（Flannery）是气候问题方面的领军人物，他担任过澳大利亚气候专员 12 年。他最有名的著作可能是《天气制造者》（*The Weather Makers*）。该书出版于 2005 年，描述了人类如何改变气候及其对地球生命的意义。他还预测，在接下来的世纪中灾难性气候事件将如何发生，作为一位探险家和环境保护主义者，他像《夺宝奇兵》中的人物一样戴着帽子穿着短袖衬衫。他的解决方案往往结合了学术成果和实践工作，他在科学界很受同行尊敬，因此他的海藻解决方案值得认真关注。

　　海藻类植物生长快速、繁殖力强，是数十亿人的主要蛋白质来源。同样，海藻对于海洋生物也是不可或缺的。海藻是海洋生态系统的基石，储存了碳，促进生物多样性并为成千上万的物种提供栖息地。

　　南太平洋大学的研究人员对弗兰纳里的计划进行了分析，他们分析了如果 90% 的海洋被海藻覆盖，世界将会变成什么样。正如弗兰纳里所说，结果"令人惊奇"。它可以抵消人类排入大气的碳排放量，生产出一种新能源（可生物降解的甲烷）气体，并为牲畜和人类提供粮食。

海藻有很多种类。有些可以吃，还有一些用作畜禽饲料。每年全球海带交易额就有数十亿美元。

海藻的生长速度非常快，其生长速度可以是陆地植物的 30 倍以上。因为它们能够使海水脱酸，使贝类更容易存活，所以它们也是贝类养殖业的关键组成部分。海藻通过吸收海水中的二氧化碳从而使海洋存储了更多的二氧化碳，这有助于缓解气候变化。

海带养殖一般在海岸附近进行，也可以在管理先进的陆地水体中进行。弗兰纳里提出的计划是在远海区域养殖海带，中海区域养殖也已尝试过。尽管投资了数十亿美元，但恶劣的天气以及不良的材料和设计使海带农场惨遭倒闭。弗兰纳里相信，有了更好的选址，更先进的技术和更结实的材料，海带养殖就能奏效。他引用了气候基金会的布莱恩·冯·赫尔岑（Brian Von Herzen）博士提出的可持续性设计：一种通常由碳化合物组成的养殖架，达一平方公里，沉到水面以下合适的深度（约 25 米），避开行船的影响。种植海带的养殖架内，散布着用于养殖贝类和其他鱼类的箱体。这些箱体不会做成网箱，只是为鱼虾贝类提供栖息地，一种自由放养的水产养殖。清除附着物种的机器人也可以作为该设施的一部分，而海洋永生养殖的结构固定在海洋底部，避免风浪的冲击。在其下方，一根向下延伸 200～500 米的水管将为养殖架带来凉爽、富有营养的深层海水，通过养殖架上的管网流出。该系统将由太阳能供电。码头和制冷系统也可以接到浮动的养殖架上。海带养殖解决方案经过多次迭代进行了优化，涉及多种种植方法和收获方法，以培育出海洋中含量最丰富的作物。有了更多的海带养殖场，就会有更多的海带和更多的环保效果。这意味着我们可能要用海藻来降低海水温度，保护海洋生态和生命，海洋开发的前途一片光明。

喷涂平流层

在气候研究领域，大卫·基思（David Keith）可能是世界上最像科学怪人的人。他是一位 50 多岁、戴着眼镜、留着络腮胡的科学家，看着很有型。他在地球工程界颇具传奇色彩，是哈佛大学的教授和气候科学家、气候干预政策的坚定支持者。他有时会穿着时尚地出现在电视脱口秀节目中，清晰地阐述着支持人类改变大气的理由。在演讲中，他为自己的立场辩护，反驳了很多人认为他的太阳能工程会害人的说法。他的工程设想是向平流层喷洒气溶胶以改变光照。

平流层约在我们头顶上方 19.3 千米以上。地表附近 19.3 千米以下是对流层，平流层在对流层之上，平流层也是臭氧层所在的地方。

基思的计划是将不同类型的实验材料注入平流层，以找出最能反射和分散太阳能量的物质。平流层扰动控制实验（SCoPEx）

就是这样的一项大胆的实验：发射气球到大气层 19.3 千米以上位置，气球携带了一系列仪器和 0.9 千克或更多的气溶胶，这些气溶胶被释放出来。气溶胶在那个高度上将延伸 800 米以上，达到数百英尺（1 英尺 ≈0.3 米）宽。然后，气球上的仪器将测量气溶胶的浓度，气溶胶与其他物质的相互作用，以及太阳光的散射效果。

基思说，他计划对冰和硫等不同类型的材料进行实验、测量结果。不论使用什么，都不能干扰空气形态。根据哈佛大学网站上看到的项目描述："如果我们在此实验中测试硫酸盐，我们的用量比典型商用飞机飞行 1 分钟的释放量还少。由于航空燃料中残留的硫，飞机会释放出硫酸盐。"

希望 SCoPEx 能够为气候模型提供更多信息，并指出大规模的太阳能工程项目将如何影响地球。有些可能会带来严重后果。

在未来几年进行的前期实验若有可行性，就可以进行更大规模的测试。飞机将取代气球以喷洒更大的区域。到那时就会看到很好的效果，地球上的所有生命都将受到影响。理想情况下，海洋温度和全球平均温度应该会降低。但是，并非所有地区都会以相同的方式受到影响。例如，两极温度与赤道附近区域受到的影响就不同。因此，SCoPEx 的目的是，弄清干预后陆地和海洋的各种可能性以及效果差异。

平流层气溶胶注入是地球工程学的常见操作，例如基思的实验。实际上，该过程涉嫌向大气中喷射"污染"物，因为用的是硫化物。与海洋云增亮不同，气溶胶是在高空而不是海面附近的低空注入。

平流层注入污染物对健康的影响当然是显而易见的。可能会消耗臭氧。臭氧层被称为地球的"防晒霜"，保护我们免受过多的紫外线伤害。平流层气溶胶注入可能会减少雨雪等降水。生物多样性也可能遭到破坏，还有随之而来的其他未知后果。同样，SCoPEx 有希望找出这些后果具体是什么。

仅当喷洒数百万吨气溶胶时，负面影响才可能产生。而基思坦率地谈到了不利因素，也清醒地强调了有利因素，即我们能够降低地球温度（降低多少待定），并减小一系列生态灾难的可能性。

因此，SCoPEx 不仅仅是一个实验，它是我们未来应对环境问题的一次预演。

第8章

海洋施肥

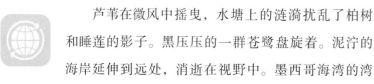　　芦苇在微风中摇曳，水塘上的涟漪扰乱了柏树和睡莲的影子。黑压压的一群苍鹭盘旋着。泥泞的海岸延伸到远处，消逝在视野中。墨西哥海湾的湾流冲刷着岸边沉积的泥沙。湿地，这个超级生态系统中所有生物都体现了自然之美，这里比其他类型的陆地或海洋地区（包括雨林和珊瑚）养育了更多的生命。因此，假若鱼类在这里无法生存就令人非常痛心。

　　墨西哥湾死区是有史以来最大的海洋死区之一，这个死区位于墨西哥湾沿岸，有新泽西州面积大小。鱼类在这里无法得到足够的氧气。死区摧毁了海洋生态系统，破坏了物种之间的食物链，最终毁灭了渔业。这不是大自然自身的灾难，是人类引发的生态危机。

河水中的化学物质随着壮阔的密西西比河进入墨西哥湾，毒害着鱼类和沿海环境。中西部农场中的化肥、污水和其他径流中的污染物源源不断地排入密西西比河，顺流而下一直到墨西哥湾。污染物在海湾催生了赤潮，这些藻类吸收了大量氧气，剥夺了鱼类和其他海洋生物的氧气。鱼类像人类一样，需要氧气才能生存。

墨西哥湾水域提供了 40% 的美国水产。因此，这里的死区对美国水产供应影响巨大。渔业就业也受到了影响，鱼少了，渔民挣得也少了。湾区的得克萨斯州、路易斯安那州和佛罗里达州的海洋经济随鱼类捕捞量而波动。

例如，2010 年 BP 公司的"深水地平线"油轮事故造成数百万加仑（1 加仑≈3.8 升）的石油泄漏到墨西哥湾中。随后湾区中超过三分之一的渔场被迫关闭，区域经济遭受重创，数千人失业。目前还没有完全恢复。仅仅一次意外就造成了这么大的后果。

海湾的死区面积有将近 23 310 平方千米，多年来，面积在不断地扩大。海洋中的死区一般需要几千年的时间才能自然恢复生机。这就是为什么科学家进行各种实验，期待找出让海洋重生的方法。

美国国家海洋和大气管理局（NOAA）鼓励在海湾地区推行"绿杆钓"。绿杆钓是一种被大力推广的渔业技术，用以取代延绳钓。传统的延绳钓，经常会捕获到非目标的鱼类和海鸟，包括一些受保护的物种。绿杆钓的渔船上方装有一根长的玻璃钢杆，因最初是绿色而得名。从船上拖出一根长钩线，钩线上附有鱿鱼饵，但它们会在水面之上而不是沉入水面以下。这可以吸引到黄鳍金枪鱼，因为它可以感知到水面上方的猎物。没有这种感知能力或够不到饵的其他鱼类不会被捕获。意外捕获的一些鱼类可以被迅速释放回海里。

传统的延绳钓会杀死捕获到钩上的任何东西。它的主绳可延伸数英里长，并附有数千个挂钩。这条绳投放到海水深处，可以预料到它会钓住各种各样的海洋生物。

现在渔民的专业化程度很高。他们捕捞着金枪鱼、鲷鱼或箭鱼，或者其他鱼类。渔民需要提前拿到捕捞许可证和配额。无法处理的渔获需要扔回海里。长时间的拖网会捕捞到大量禁捕鱼类，这降低了对目标鱼类的捕捞效率。因而希望通过更特异的渔业技术，增加渔获量。尽管没有有力的证据，但零星的研究表明，绿杆钓技术能够使渔获量大幅增加，在某些情况下甚至增加了80%。

通过增加鱼类种群可以更好地保护海洋生态系统，让海洋生物能够生存繁殖，进而增强海洋抵御死区的能力。海洋生态系统通过食物链和废物循环给海洋生物提供着健康的环境。例如，鱼类废弃物为较小的生物体提供营养，反过来这些小生物又喂养了较大的生物体，等等。藻类过滤着海水，提供了富含氧气的栖息地，避免死区的扩大。

新奥尔良的一位美国国家海洋和大气管理局（NOAA）研究人员正在前往海湾记录绿杆钓情况，并核实捕捞数量。过度捕捞是一个很大的问题，死区和"深水地平线"油轮事件加剧了问题的严重性。她说，"目前情况并不好"，"渔业资源不够"。蓝鳍金枪鱼的数量特别少。目前希望渔民改变捕捞策略，挽救濒临枯竭的鱼类种群。

新奥尔良机场以南约两小时的车程，是路易斯安那州的最南端，密西西比河在此流入墨西哥湾。著名的冲积平原向四面八方延伸了几英里，路面几乎与河面齐平。哈里伯顿（Halliburton）和康菲石油公司（Conoco Phillips）等炼油厂的污水从这里流入密西西比河。炼油厂里满是丑陋的钢结构和混凝土，处在原是河口的自然环境中。炼油厂一般占地几英亩，设备高 46 米左右，无边无际地蔓延开来，让人过目难忘。炼油厂看着令人生畏，里面有着数以亿计的产值和促进工业发展的宏大目标，是最不自然的人工怪物。

一座炼油厂的塔顶喷着火。这是所有炼油厂都有的火炬烟囱，以防止可燃物泄露引起火灾等紧急情况，另一方面把可能逃逸到大气中的油气先燃烧成二氧化碳而降低危害。未燃烧的油气若直接释放到空气中而不是被燃烧掉，更具危害性。因此，火炬始终维持燃烧状态。

距离火炬 1.6 千米外的地方，是路易斯安那州港口小镇威尼斯，野生生物和渔业部（LDWF）的两名职员正在码头上检查渔船捕获的鱼类。他们正在测量鱼的骨头、头部和尾巴，统计捕获到的鱼类及数量，以便更好地调节配额。

配额用以限制商业渔船对特定鱼类的捕捞，例如鲷鱼、石斑鱼、金枪鱼和箭鱼。限制的目的是维持鱼类种群。否则，过度捕捞使鱼类种群太少而无法有效繁殖，物种开始衰亡。

当一艘渔船驶入港口时，野生生物和渔业部的职员走向该船，与船长打个招呼后开始取样。以他们的经验来看，这艘船的渔获量不错。随着更多的渔船一批批进港，统计难度随之增加。但是，州里的数据记录很完备：据最新数据，2016 年渔获量比上一年减少了 800 吨。

坐在 Crawgator 烧烤店里，吃着三明治，就着啤酒，听着乡村音乐令人十分享受。温暖明媚的阳光下，渔业捕捞运转和谐。船驶向大海又返回码头，渔获卸在码头再被运到加工中心，加工中心可以称重计量。大自然的丰饶物产转化为资本，人们日复一日劳作着。在世界各地的渔港里，渔民的生活大同小异。而当中令人震惊的事实，并未引起人们的关注。

根据联合国粮农组织的数据，全球海洋鱼类种群数量"惊人"地减少了 90%。过度捕捞和海水变暖是鱼类种群数量锐减的主要原因。全球人口不断增长，再加上人们对鱼类的消费越来越多，不得不过度捕捞以满足这些需求。如前所述，全世界约有十亿人日常蛋白营养主要来源于鱼类和藻类。海洋温度升高会危害鱼类繁殖。自 1900 年以来，海水温度上升明显，在过去的 30 年中升温速度比其余任何时候都高。在可预见的将来，温度还将继续上升。

一些生态学家和经济学家对目前的海洋生物情况进行了一项综合研究，按目前的鱼类消费速度和海洋环境破坏速度，全球所有鱼类资源将在 2050 年衰竭。人类对养殖海鱼的消费量最近超过了野生海鱼的消费量。换句话说，这意味着相比自然界的海鱼产量，人类通过海洋工程（水产养殖业）生产了更多的鱼类。但是，单靠渔业创新不足以解决海洋生态问题。

自 20 世纪 50 年代以来，全球海洋出现了数百个死区，目前总面积增加了数百万平方英里（1 平方英里≈2.59 平方千米）。

加州大学戴维斯分校的研究人员所做的一项研究表明，从耗尽氧气的状态（例如墨西哥湾的氧气水平）中靠大自然自身恢复过来，可能需要 1000 年的时间。他们回顾了约 12 000 年前最后一个冰期的海底生物，发现气候变化对海底生态系统的干扰非常大，以至于需要 1000 年的时间才能恢复生机。缺氧或氧气不足，是 10 000 年前也是现在要面对的主要问题。问题越来越严重，研究人员发现在过去的 50 年中，海洋失去了 2% 的氧气，在接下来的 50 年中可能失去 7%。氧气含量稍微降低，也会对海洋生态造成灾难性的后果。

像在陆地上一样，植物在很大程度上负责制造氧气。海带、浮游植物和其他藻类等海洋植物进行着光合作用，将阳光和二氧化碳转化为碳水化合物和氧气，供给海洋生物和人类。实际上，空气中大约一半的氧气由海洋植物制造。

海洋中的氧气最早来自一些微生物，如蓝藻等浮游植物。浮游植物有不同的形态，适应着不同类型的海洋坏境。温暖、寒冷、浅水和深水以及局部生态变量，组合出大量的小生境。

浮游植物是漂浮在水面附近的小型单细胞生物，对海洋生物以及陆地生物都很重要。它们是海洋生物食物链中的第一个环节。浮游植物死亡时，它们会沉到海底，形成了大量的碳储存层。如果浮游植物被吃，碳显然就转移到了食物链的下一级，并通过该生物的排泄物或在其死后被降解。海底储存了大量的碳，海洋对控制地球温度至关重要。储存在海洋中的碳越少，那么留在地表的就越多，地表蓄积更多热量后全球就越温暖。这是一个相互平衡的过程。

浮游动物捕食着固碳的浮游植物。如前一章所述，珊瑚和许多鱼类以浮游动物或植物为食，大鱼吃小鱼，以此类推。但是浮游植物正在大批死亡。根据海洋学研究，自 1950 年以来海洋中多达 40% 的浮游植物死亡。死区也是这时候开始扩大。除去其他因素，污染和温度升高是浮游植物大量死亡的主要原因。鉴于浮游植物在海洋食物链中的地位很低，因此其食物链下游的所有生物也将遭受损失。各种大小的鱼类受其影响数量都将减少。这凸显了鲸粪和撒哈拉沙漠的重要性。这句话无需看两次，你没看错。当你发现鲸鱼的粪便和沙漠中的沙子都含有高浓度的铁时，它们之间的奇怪联系就说得通了。浮游植物需要

铁才能生长。来自撒哈拉沙漠的非洲沙尘暴将大量沙子吹入大
西洋，浮游植物得以在那里茂盛生长。沙尘在亚马孙雨林也能
发挥作用，陆地上的植物也需要营养。鲸鱼在被大规模捕杀之
前显然也极大地促进了浮游植物的生长和繁育。一项研究表明，
南极洲周围海域表面 12% 的铁含量来自鲸鱼的排泄物。

　　但是，人类活动削弱了浮游植物自然生长的能力。显然，
商业捕鲸并不是唯一原因。毕竟，捕鲸业的鼎盛时期是 19 世纪
中期。大量的塑料污染、氮污染和温暖的海水是危害浮游植物
生存的主要原因。

　　全球有 4 个主要的缺氧区：危地马拉沿岸的热带北部太平
洋，靠近澳大利亚的南太平洋，印度洋的孟加拉湾，还有我们
之前讨论过的海湾地区。现在还有一些让人意外的区域，如墨
西哥湾，东北太平洋的亚极地海域等。

　　从逻辑上讲，东北太平洋死区不应该存在，因为那里有许
多上升流提供着营养。来自海洋底部的营养元素循环到海水表
层，源源不断地为浮游植物提供着营养。上升的海流还会产生
雾气，这就是为什么夏季西北太平洋雾气弥漫的原因。

　　东北太平洋的异常死区曾经困扰过加州莫斯兰丁海洋实验
室的科学家约翰·马丁。20 世纪 80 年代后期，他在这一海域进
行了测试。他发现海水中严重缺乏铁元素。从技术上讲，这可
以被定义为高营养、低叶绿素区（HNLC）。就像一位称职的医
生会在一个患者缺铁时开出补充铁的处方一样，马丁建议在海

水中添加更多的铁。他当时进行了一个小实验来测试结果。

马丁的结果发表在 1988 年 1 月《自然》杂志：浮游植物的增量与铁的添加量成正比。这个实验还不足以证明他的假说是有效的，毕竟是一个新想法。然而海洋科学界期待他停止这项研究，含铁添加剂的"海洋工程"前景令他们震惊。马丁因为想往海洋中乱扔"铁屑"而受到严厉批评。然而，批评使他愈挫愈勇。

"马丁计划在加拉帕戈斯群岛附近的太平洋中部给一小片高营养、低叶绿素区添加铁粉，然后检测效果。如果浮游生物的种群随着铁的添加而增加，那么他的假设就是正确的。然而1991 年马丁出现了腰痛症状。医学检查发现他患了前列腺癌，并已扩散到身体的其他部位。在接下来的两年中，他接受了化疗和放疗。"这是 NASA 地球观测站讣告中对他病情的陈述。马丁于 1993 年去世，但实验还在进行。同年他所在机构的其他科学家完成了加拉帕戈斯群岛的测试，发现浮游植物的数量确实在增加。

尽管如此，海洋科学界并没有进行太多应有的测试，原因与复杂性有关。马丁的一位同事进行的另一项实验表明，某些类型浮游植物的反应与最初的试验结果不同：吸收的碳不多，浮游生物的生物量也较少。甚至进一步的实验表明，铁粉尘可能会催生一些有危害的浮游植物，引起"赤潮"或者让藻类产生对鱼虾贝类有害的毒素，如果人们食用这些水产品就会生病。

一些人惊奇于马丁实验的效果，也有商人从铁粉生意中看到了利润。马丁的试验表明，海洋中每投放 1 吨铁，就能从大气中清除 11 万吨的碳。向海洋施肥可以打造成碳"补偿"或碳交易的盈利性项目，从而获得丰厚的利润。

碳补偿是污染者买来用来抵消碳排放的"信用"。一个简单的例子是，从植树造林的机构购买这些信用（相当于公司存储了一定量的碳）。信用也可以用来交易。这类项目鼓励了环境友好行为，但污染者并不是交税就可以排放过量的碳，还要遵守政府或协议规定的排放上限。

就海洋里的碳而言，主要靠浮游植物固定。但是碳交易以及碳捕获项目并没有像预期的那样推广开来。因为没有人能够算出一个稳定、统一的碳价，因此利润空间并不明确。此外，政治也施加了影响。就美国而言，联邦政府并未出台刺激政策鼓励减少碳排放。

然而，有一位企业家并没有被碳交易的不明前景所困扰，也没有困惑于海洋科学界对铁剂的批评。2012 年，罗斯·乔治（Russ George），一位自称环境研究人员和生态企业家的人，用卡车运送了 100 吨铁粉来到加拿大不列颠哥伦比亚省的海岸。铁粉被装上渔船然后倾倒进距岸边 322 千米的太平洋中。环保主义者坐不住了。他们指控乔治非法倾倒，违反了联合国关于地球工程的公约和其他的国际环保协议。但猜猜会发生什么？铁粉发挥了作用，这一海域充满了鱼群和其他海洋生物。

"2012 年我们的项目目标是为淡粉鲑鱼提供一个繁育场，让当年的鲑鱼幼鱼能够游到这里成长。它们在这里有饵料可吃而存活下来，而不是在死区面临饥饿。淡粉鲑鱼会在第二年即 2013 年的秋天洄游。阿拉斯加州每年捕获了很多粉红鲑鱼，预测有 5000 万~5200 万条鱼被捕捞，但不超过种群数量的 5%。捕捞量并没有限制在 5000 万~5200 万条，捕捞量的上限是 2.26 亿条，但消费者消费不了 2.26 亿条。"乔治说。

阿拉斯加的渔业和休闲部门证实了该时期的记录。但海洋科学界对乔治的反对声超过了他们当年对马丁的反对。

"2013 年复活节前一周，在温哥华市中心的一座实验室中，团队里的年轻人正在显微镜下识别浮游生物样本并统计着数据，突然一支全副武装的加拿大政府特警队（12 人）闯入了实验室，他们用枪口抵着我的头，将我在地板上压了很长时间。他们洗劫了实验室，摧毁了我们的实验项目和记录。"乔治说，一些人通过制造阴谋来阻止铁粉合法化，海洋科学界给它贴上了贬义的"铁肥"标签，因为它打破了人们对化肥的负面印象。如前所述，化肥对海洋生物极为有害。化肥是造成海洋中死区的主要因素。

办公室突袭"摧毁了我们"，乔治说。"我们的数据原本可以证明或回答所有人都关注的问题。"例如，他说，他之前的研究发现了在污染海区投入铁粉相当于从空气中去除一定量的碳。

关于乔治的事情这里还有一些警示。2013 年，在不列颠哥伦比亚省与他有合作项目的海达部落将他从负责鲑鱼修复项目的董事会中除名。海达部落在法庭报告中指出，乔治歪曲了自己的资历，夸大自己的研究并提出了一些误导性的主张，而且他在面试中的表现确实有点滑稽。不过，60 多岁的乔治清醒地回顾了自己的学术背景以及海达部落的实验情况。

他说，20 世纪 80 年代，当一位朋友告诉他马丁的实验时，他正在加州帕洛阿尔托的一家研究所从事生态学研究。马丁的实验激起了他的兴趣。后来，当他在加拿大从事一项固存碳的植树项目时，他想起了马丁关于浮游植物的科学发现，并意识到利用海洋植物储存碳比种植树木要有效得多。他声称摇滚明星尼尔·扬（Neil Young）那时与他在同一个港口相遇，并借给他 30.8 米长的游艇在太平洋中进行实验。有一些新闻报道支持了他的这个说法，甚至还有一部模糊的 YouTube 短片，显示乔治登上了尼尔·扬的帆船 W. N. Ragland 号。

乔治声称，2002 年 6 月的实验获得了成功。他说："2003年 1 月《自然》杂志年度首期问世，其中'The Oresman'这篇是关于我的主题故事。"确实如此，文中报道了他的策略和行动号召，他反复地说："看！拯救地球很容易。我们只需要将海洋的环境和生产力恢复到历史水平即可。与过去一样，海洋将轻松吸纳大部分的二氧化碳。很便宜吧？你不需要复杂的科学，你不需要投票决议是否做 5000 万美元的研究。你可以在航行中的有 125 年历史的木帆船上进行操作。这是一种使海洋恢复生机的非常实用的技术，对吗？无需讨价还价就将空气中的二氧化碳带走。"

问题在于没有人在乎这些，他说道。取而代之的是，每个人都在关注 20% 的亚马孙雨林被毁。在乔治看来，这归结为公众与海洋的疏离。

向海水里施加铁粉是一个相对简单的操作。铁粉是一种常见的工业材料，可以在大多数原料店买到。颗粒大小很重要：既可以下沉入海而不会被风吹走，又能相对较快地溶解在海水中。在他的实验中，乔治使用了 23 千克包装的赤铁矿，一种地球上最古老的氧化铁矿物。

铁粉被拖到船上，一旦到达死区海域，就像在草坪上撒肥料一样将其撒入海洋。实际上，固定在船体上的草坪撒布机可以用来撒铁粉。铁粉沉入海底，浮游生物吞噬了它然后开始生长繁殖。

"铁肥比人工造林便宜得多，是一个最便宜的选择。"乌尔夫·里贝塞尔在《自然》杂志上评论了乔治的论文，他是德国不来梅港的阿尔弗雷德·韦格纳极地与海洋研究所的海洋生物学家。但是大众关于浮游植物的科学知识不足，这使得"人们很难知道会发生哪些副作用"，他补充说。

正是这篇《自然》文章被海达族（Haida Nation）看到了。海达又称海达瓜伊（Haida Gwaii），是一个印第安部落。他们生

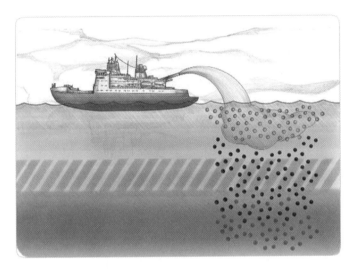

◎向海洋中投放铁粉

活在不列颠哥伦比亚省沿海的岛屿上，世居于此，大部分时间以捕鱼为生，渔业是其主要的经济来源。

2008 年，阿留申群岛上的火山爆发后，居住在马塞特老村的部落分支收获了比往年更多的鱼类。火山喷发出的大量火山灰落入了他们的渔场。从乔治的实验中，该村庄看到了一个人工复制火山赏赐的机会。他们联系上了乔治，很快就开始了实验。乔治在 2007—2008 年还尝试过其他实验，但遭到环保主义者的阻挠，反对者包括因反对捕鲸而闻名的保罗·沃森船长。

乔治说，2012 年的实验，监管机构和官员检查过所有的实验器材。然而，投放铁粉引起了争议，最终导致了他在温哥华的实验室被摧毁。

乔治将其实验的"无果而终"归咎于联合国、商业机构和依赖碳排放研究基金的学者，他们不想看到铁粉方案解决了全球的碳排放问题，他们的研究经费会因此受到影响。在我撰写本书时，乔治生活在伦敦，并试图将他的铁粉方案推广给其他国家。

对于那些渔业资源衰竭和有着海洋死区的国家，他的远见提供了一种方案：用携带铁粉的船队将大量铁粉投放到相关海区。当然，需要事先规划好区域，并记录好投放后的效果。然后可以更好地测算鱼类种群动态，进行碳汇管理。

反对者指出，施加铁粉的负面影响包括引发海洋生物产生毒素，有毒藻类滋生和赤潮。同时也可能会影响云的形成，并且可能消耗臭氧层。毕竟海洋与各种气象现象有着至关重要的联系。

由于科学界和环保界有很多人反对投放铁粉到海洋，因此这一方案被广泛采用的概率似乎很小。如果没有某种速效的解决方案，海洋生态注定会继续恶化下去，肯定会有更多的死区出现。

海洋"心肺复苏术"

　　似乎有一个显而易见的解决方案：将氧气泵回海洋中缺氧的地区。瑞典科学家认为，当水体富营养化、植物过度生长而水中溶氧不足时，就可以这么做来矫正海洋的富营养化。

　　波罗的海深水氧气项目（BOX），利用大型泵站将地下水输送到海底，在这里地下水中的氧与污水处理厂、农田径流和工业废水中的磷结合。富含氧气的水体减少了表层海水的富营养化，并阻止了大量蓝藻的过度繁殖（像死区中发生的那样）。

　　该项目在波罗的海启动，那里有一个巨大的死区。

　　瑞典科学家在峡湾中进行了小规模的试验，尝试让波罗的海恢复生机。实验取得了成功。瑞典政府正在支持雄心勃勃的波罗的海项目，该项目有望在 15 年的时间中让波罗的海完全恢复生机。

　　波罗的海周边是瑞典、芬兰、俄罗斯、爱沙尼亚、拉脱维亚、立陶宛、波兰、德国和丹麦。海水污染严重是因为这个海洋几乎是封闭的，污染物不易被冲刷到较大的水域（如大西洋中）进行稀释。

　　BOX 项目使用了浮动式风力发电机组，该机组给水泵提供电力，用于深层海水的充氧。科学家认为，这是清理海洋"卫

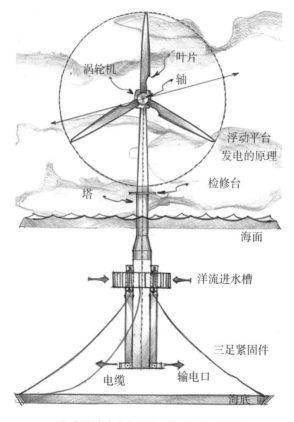

涡轮机

叶片

轴

浮动平台
发电的原理

检修台

塔

海面

洋流进水槽

三足紧固件

电缆　　输电口

海底

◎波罗的海 BOX 项目所用的浮动平台

生死角"的最大希望。

　　还有其他方法，例如通过化学反应将磷与底部沉积物结合以阻止海洋富营养化，或疏浚沉积物本身以驱散磷。但是充氧似乎是最好的办法。

　　BOX 项目也有批评者。他们担心在深层海洋进行地球工程可能会干扰努力适应变化的海洋生物，并进一步危害它们。新充入的水可能会使深海温度升高，产生与预期相反的结果，反而扩大了死区。但是最大的不足是，BOX 项目只是解决富营养化的症状，治标不治本。减少污染才是终极解决方案，并且已经尝试过。尽管如此，赤潮仍在频发。BOX 项目可能是一种快速修复的方案，但比不做任何修复要好。如果对波罗的海的污染没有停止，那么最终大部分海区将丧失生机。

BOX 项目预计要建设一百个浮动平台，有策略地放置在死区之上或附近。它可能会改变当地海面的景观，但这可能是为了挽回已造成的破坏而付出的较小代价。

将死区作为燃料

斯坦福大学的研究人员找到了一种治理海洋死区并将废物转化为能源的方法。这个聪明的创意，或许有两倍的收益。火箭科学家们想出这个创意，他们知道氮是火箭燃料的主要成分，但过量的氮是海洋生物的主要危害物之一。

具体操作如下：将死区的废水抽入大水箱中。用细菌分解废水中的氨，氨中含有氮，将氨转移到含有氧气的反应器中，进而生成一氧化二氮。一氧化二氮（通常称为笑气）是一种温室气体，但也可以作为（火箭）燃料燃烧。

产生的一氧化二氮可以为整个清洁系统提供动力，同时也可以作为新的可再生能源。这形成了一种循环利用的方式。

加州北部的污水处理厂成功地进行了这种清洁系统的实验，证明了该工艺走出实验室后可以正常运行。但是，将生产工艺放大到更大的规模依然是一个挑战。

全球海洋大约有 400 个富营养化区域，估计有 25 万平方公里。这么多的海水可以生成大量的火箭燃料（一氧化二氮）。但是清洁所有区域是一项不可能的任务，这就是为什么人们将目光投向陆地上的废水处理设施的原因。几乎每个污水系统的末端都有一个废水处理厂，在水释放到外界之前去除其中的有害污染物。氮以及其他污染物是造成死区的首要原因。在沿海工厂收集的污染物可以转化为燃料，而不是随意排入海中。这可以帮助海洋恢复生机。

第9章

应对海平面上升

　　洪水是最常见的自然灾害，每年对地球造成的破坏比暴风雪、龙卷风和台风在内的其余天气灾害都要严重。每年洪水造成数十亿美元的损失，影响数以百万计的人口，并且几乎在任何地方都可能暴发，甚至沙漠中。如果不降低气候变化引发的洪水风险，每年将给全球经济造成一万亿美元以上的损失，沿海主要的人口中心首当其冲。

　　广州是中国主要的商业枢纽，洪水灾害给这里造成很高的经济损失，同时市内 1500 万居民的生活也受到影响。在河流涨水和沿海洪水的共同作用下，印度的加尔各答与孟加拉湾沿岸的城市（从沿海到喜马拉雅山之间）也受到了很多洪涝威胁。《世界地图集》将南美的苏里南这个小国列为几乎会被洪水全部淹没的地方，因为它地势低洼且基础设施薄弱。看看马尔代夫的情况：它由 1000 多个岛屿组成，平均海拔不超过 1.8 米，可以说是最怕洪水的地方。政府对将被印度洋淹没感到焦虑，并举办了一次水下内阁会议以强调这种担忧。

然而，从历史情况来看，或考虑生活在地底区域的人口数量，荷兰这个"低洼国家"，作为一个数百年来一直生活在水灾中的国家，它显得与众不同。荷兰一半人口处于严重洪灾威胁之中。荷兰俗称 Holland，一些地方比海平面低 7 米，是西欧的最低点，与丹麦一些地方类似。这里遭受了广泛的地基倾斜或下沉。这不足为奇，因为荷兰的许多土地来自围海造田。若没有河堤和防波堤，那些围海的区域将是一片汪洋。这个国家与海陆变迁，潮涨潮落有着密切关系。像美国诗人沃尔特·惠特曼笔下泼辣的老母亲一样，荷兰经受住了洪水的冲击，那些看似不合理的地方也有了意义。

通过宏伟的工程技术，荷兰人近几个世纪里成功地抵御了海洋。荷兰最古老的堤防可追溯到 2000 年前，当时传教士用草皮建造堤岸。最初的堤防是为了保护农田，然后人们开始制造更大面积的台地作为生活用地。在荷兰北部，各个村庄的堤防最终连在了一起。这里有一个 121 千米长的路堤，名叫韦斯特弗里斯·奥姆丁吉克，迄今为止，其非凡的结构依然坚固。

大约在 15 世纪，风车开始在荷兰流行起来，用于将洼地里的水抽出去。因此，风车逐渐成为荷兰的标志。但是，直到 18 世纪后期荷兰的基建和环境部成立时，现代化的水渠建设维护以及水体管理才真正开始。

20 世纪的工程技术带来了另一个新开端。1918 年，荷兰开始了大规模的公共工程建设，计划通过一系列水利工程抵御北海，以保护农田并优化水资源管理。通过疏通水道、筑坝泄水和抽排水，工程师完成了被人称为现代世界七大建筑奇迹的大工程。

但是，21 世纪有新的忧患，水坝、河堤和防波堤系统可能都会失效。荷兰工程师进行设计时通常会考虑未来 200 年的变化。极端天气和海平面上升超出了过去的建设标准。在未来几十年中，洪水破坏的风险将加倍。这使荷兰的水务管理者们很不安。

随着全球温度升高，空气中会承载更多的水蒸气，温暖的空气比寒冷的空气湿度更大。当这些多余水汽随着暴风雨从天而降时，土壤无法全部吸收就造成了洪水。在荷兰这样的地理环境中，土壤中已经充满了水分，这意味着洪水更容易发生。海平面上升导致海岸受侵蚀。随着海水温度升高，造成海洋体积膨大和冰川消融，海平面不可避免地会升高。保守估计，到 2050 年海面可能会上升 5~30.5 厘米。最高值估计，到 2100 年将上升 243.8 厘米。对于一个大部分国土位于海平面以下的国家来说，影响不容忽视。海平面每上升 2.5 厘米相当于损失了 304.8 厘米长的海滩。洪水的发生概率指数增长，达到过去的 100 倍。

极端洪水事件已经开始。在世界范围内，每年都会发生 100 年、500 年甚至千年一遇的大洪水，明显超出了地质学家对洪水事件的预测能力。面对如此多发的洪水，荷兰政府在 2032 年之前每年将投入 15 亿美元加强防洪系统。

这可能还不够。

站在阿姆斯特丹西南 33.8 千米的阿尔梅勒（Almere）海滩上，眺望面前的海湾，再仰望多云的天空，也许会有小说《汉斯·宾克》中荷兰小男孩的感觉：用手指堵住堤防上的漏洞，真是螳臂当车啊。阿尔梅勒是荷兰的一个新兴城市。50 年前这个城市通过围海造田建成，现在预计有 20 多万人居住在这里。这里的地形不同寻常，运河穿过成排的房屋，流入道路下方的涵洞。小桥随处可见，河沼里直立的水草映衬着颇具现代感的房屋及奇异高耸的商业楼。广场边是古朴的水道和池塘。土地像几何形状一样条块分明。不过总让人感到不坚实。

即使没有气候变化的影响，荷兰也是一个脆弱的地方。有了气候变化，灾害更是经常发生。你无需回顾历史就能看到这里遭受的气候灾难。

2017 年的雨季中，洪水淹没了孟加拉国三分之一的国土，4100 万人受到影响，1200 人死亡，大量房屋、商业楼、农田被冲毁。大约在同一时间，哈维飓风袭击了美国南部，在得克萨斯州和路易斯安那州发生了创纪录的暴雨和洪水。洪水淹死了 82 人，淹没了 30 万栋房屋和 50 万辆汽车，造成了 1250 亿美元的损失。2018 年，阿根廷和智利遭受了创纪录的降雨和洪水。同一年，索马里发生了前所未有的暴雨，175 000 人流离失所。

当你看到本书时，已经发生了更多的气候灾难。这些不是孤立的现象，而是全球气候模式的一部分。这也是荷兰人要应对的危机，一次大洪水就可能危及大部分国土。

2018 年 1 月欧洲科学家的一项洪水风险研究，向整个欧洲敲响了警钟。研究发现，即使在最乐观的情况下，全球平均温度相比工业化前将升高 1.5 ℃，实际升高可能是该估计值的 2 倍以上。全球变暖将导致中欧和西欧的大多数国家洪水风险大增。

从 1995 年到 2015 年，这 20 年间，全球约三分之一的人口（23 亿人口）受到了洪水的影响，经济损失达数万亿美元。

情况变得越来越糟，工程师和建筑师预测了最坏的情景。这就是为什么通常要考虑洪水发生的概率。我们经常听到 100 年、500 年或千年一遇的洪水。这不是说洪水将在 100 年、500 年或 1000 年当中发生一次，而是意味着每年发生相应洪水的概率分别是百分之一、五百分之一或千分之一。荷兰的工程师和建筑师不喜欢这种不确定性。

被媒体称为"几十年来最严重"的系列洪灾，已经连续几年席卷了欧洲，2016 年还发生了"一个世纪以来最严重的洪灾"。"最严重"似乎每年都有新的含义。没有人愿意在毫无准备的情况下面对这些灾难，就像圣经中的洪水事件一样。

在圣经中，挪亚一家建造了诺亚方舟用以抵御大洪水。如果你相信圣经中的叙事，那么可以认为洪水迫使各个物种登上方舟避免被毁灭，随后整个世界格局改变了。

若从科学角度讲，在数十万年前的旧石器时代，大洪水确实经常发生。

旧石器时代指公元前 200 万年—公元前 10 000 年。科学家发现，古洪水一般在长期干旱后发生。大气中的水蒸气就像天空中无形的河流，输送水分到全球各地，若倾泻在某地就使这个地方洪水泛滥。根据气候学家的说法，这些特大洪水大约每200 年发生一次，科学家认为这种模式可能会再次开始。

1861 年末，加州的一场特大洪水造出了一个 482.8 千米长的"湖"。大雨连续下了 2 个月，加州首府萨克拉门托市积水有1304.8 厘米高。加州中央谷地形成了一个 32.2 千米宽的湖，而以前这里非常干旱。泥石流也冲毁了一些房屋，大约八分之一的房屋被毁。这次洪水极大地改变了加州。按 200 年的周期推算，另一场大洪水越来越近了。

美国地质调查局（USGS）的政府职能是跟踪洪水、干旱等自然灾害，它称这种不可避免的大洪水为海啸型地震（ARk-Storm）。显然，这借用了圣经中诺亚方舟的故事。同时这也是一个多义的缩写，"AR"代表天上的河，"k"表示千年一遇，"Storm"就是风暴。

海啸型地震在加州被归为"特大灾害"级别。同级别的还

有断层地震，如圣安德烈亚斯断层地震，以前所未有的方式撼
动加州，大陆架也发生了大位移。另外，暴风雪也是"特大灾
害"，冬季严重的暴风雪可能覆盖数千平方英里的城市和农田，
导致数千次雪崩，迫使交通要道关停数天或数周，经济损失高
达 7250 亿美元。这个数字是圣安德烈断层地震带来的损失的三
倍多。这个断层地震是美国的典型的"特大灾害"。美国地质调
查局网站上显示，断层地震的年发生概率与海啸型地震事件的
发生概率类似。这种情况下估计需要疏散 150 万人。

显然，若发生海啸型地震，将毁灭美国西海岸。不过，其
他地区的极端洪灾的破坏力又如何呢？

一些报道认为纽约市近期会遭受五年一遇的特大洪灾，巴
黎洪灾数量将翻倍，亚洲、非洲、南美洲和中欧的大部分地区
也有被淹的风险。

洪水有多种类型，由于气候变化几乎所有洪水类型都变得
更严重。河流洪水通常是由于流域中过多的降雨、融雪或冰封
阻塞造成。滨海洪水缘于潮汐和风浪高于平均高度。大气低压
系统产生的风暴潮也可能导致滨海洪水。内陆洪水往往发生在
暴雨时，土地蓄积不了太多雨水。洪水可能会在几分钟内发生，
一些洪水也可能持续数天。除了南极洲的麦克默多峡谷据说几
百万年来没有下雨之外，地球上没有地方不会发生洪水。

荷兰的最低点看着不过是马路上的一个坑。那就是它本来
的样子——鹿特丹郊外 A20 高速公路旁一个低于海拔 7 米的凹

陷。只有当你驶回平坦的平面时，你才意识到自己曾在海平面以下，外侧的运河水面与路面平行。在这里得时刻面对洪水威胁和海平面上升的恐慌。

荷兰有着一系列的运河水道、岛屿、桥梁和海防。这个小国的面积不到新泽西州的两倍，但国土内蜿蜒的运河约有 6437千米长。84 个水坝和 278 个大桥连通了交通与货运。自行车是最流行的交通方式，但是河流无处不在，随处可见。

Zuidplaspolder 是荷兰陆地最低点的名称。洪水和海平面上升已经成为威胁，水泡着道路，道路出现之前这里曾是沼泽和湿地。现在沼泽和湿地环绕着道路，至少在位于北海的一侧是如此。一个巨大的标牌竖在那里，古朴的环形吊桥横跨在附近的运河上。

荷兰的桥梁值得一看。它们大小各异，设计精妙，因地制宜地跨越在河道之上。桥梁有弓形、蛇形、钩形等多种形状。鹿特丹的伊拉斯谟大桥特别引人注目，它像天鹅一样横跨在马斯河上方 152.4 米的位置，连接了城市的北部和南部。长钢缆从桥塔延伸至桥身，长度超过 792.5 米，并且可以调整。

桥梁在荷兰起着至关重要的作用。荷兰国土的一半海拔低于 1 米，因此需要桥梁连接水域之间的陆地。土地与海平面或海岸的关系非常重要，因为它预示着一个地区是否容易遭受土地流失、洪水或被海洋淹没。大多数商业中心和人口中心都位于沿海地区，靠近贸易中心。世界范围内大致类似。全球 40%

的人口生活在沿海地区。海平面上升会淹没这些地区，导致大量人口流离失所、基础设施破坏、经济损失、水污染以及其他灾难性后果。这就是为什么洪水变得令人如此担忧的原因。

克里斯蒂安·科里曼（Kristian Koreman）在荷兰的乡村长大，他敏锐地意识到洪水和环境的关系。小时候他每天必须穿过一条运河去上学。如果运河涨水了，他就无法去上学。这样的生活环境影响了他对职业的选择。他说："自从我还是个男孩时，我就想成为一名景观设计师。"

科里曼和他的合伙人埃尔玛·范博塞尔创立了 ZUS（Zones Urbaines Sensibles），这个命名来自他们的工作内容：设计和规划智慧型的城市。这家景观建筑公司之所以成为设计界的新锐力量，是因为它追求因地制宜而不是与自然抗衡的建筑哲学。ZUS 用"重新公用化"定义了未来的建筑理念。生活空间和社交需求相互促进，营造出更好的生活体验，例如如何使用和规划公共空间以及创造一个开放包容的环境（不允许隔断空间）。这就是为什么 ZUS 的环境和社会设计作品备受推崇的原因。例如，ZUS 正在将美国新泽西州的梅多兰兹（Meadowlands）打造成一个充满商机和前景的新场所。当然，防洪也很重要，但是 ZUS 还考虑了居民、游客、交通需求和娱乐设施。

科里曼和范博塞尔在纽约布鲁克林运营了一家精致生活实验室，用来完善居民生活体验，孵化在南美开展的其他项目。实验室的委员遍布全球。一切始于范博塞尔和科里曼在荷兰建筑学校的友谊，随后他们决定专注于培育新的城市生活模式。2005 年一个名为浪潮城市的海上城市项目是他们的早期作品之一。

"当海平面升高时，我们如何在海岸边生存？浪潮城市的研究表明，人们不应该撤退到海防后面，而是能够与海洋共存。受潮汐和海浪的强劲动力启发，浪潮城市可以像一块柔软的海藻一样漂浮在海面上。它由大大小小的浮桥把各个区域链接到中央广场。一座 122 米长的桥可以将广场连接到陆地，不影响结构的上下浮动。浪潮城市将产生一个独特的地域体验，视角也会随浪漂动而不断变化。最重要的是，它提供了一个安全的生活场所，并提供了围海造田和发电的机会。"这是范博塞尔和科里曼的描绘，目前项目还处在模型阶段。事实证明，它还可以有其他作用，例如为 Delta 3000 项目提供前期基础。

荷兰的 Delta 3000 项目计划将全国的低洼地区用沙子覆盖，并在景观中堆出人造山丘。用沙子覆盖洼地可以防止洪水泛滥，同时产生淡水，形成一个自然运转的生态系统。甚至可以把荷兰变成地中海式的度假胜地，也为将来被迫离开故土的气候难民创造了生活空间。

"我们想重建自然景观与生活的联系；通过技术，我们可以重新建立自然系统。"科里曼说。他抽出宝贵时间向来访者展示了自己设计的阿尔梅勒旁边的沙丘城市。这里能够建造 3000 套房屋，诸如嘉年华公司之类的项目也可以入驻。科里曼 30 多岁，有着柏林或布鲁克林风格的时尚气息（黑色衣橱，运动鞋和现代智能眼镜等）。他像刚从漂亮的沙丘项目现场走出来，轻松地跟大家交流着对新式建筑的兴趣。

通过疏浚阿尔梅勒湖甚至附近的北海海域，将抽出足够多的沙子。有数十亿吨之多，可以用来加高农田或围海造田。这么做，要好于荷兰各地的传统做法——抽取地下水或建海堤压板，因为沙丘实际上是在加固土壤而不是削弱土壤。抽取地下水会造成地下水位降低，导致土壤沉降。此外，沙丘可以自然地净化雨水，并将咸水阻隔在海湾。ZUS 的项目设计看起来更

◎ Delta 3000 项目

可靠，也具有美学吸引力。

阿尔梅勒海滨区的沙丘社区的砂岩房屋非常漂亮。沙丘保护了隐私但没有阻碍视野。大约6排联排别墅连成一体，各个地块很好地融合在一起。这让人联想到科德角（Cape Cod）的景观。一个样板房展示了木地板、不锈钢器具、白色的房间以及一个能看到院中自然景观的玻璃推拉门。房子大多是两层。科里曼说，出售地产是大战略的一部分。他说："如果开发出住房和房地产，那么就可能建立一个商业案例，使那些私人投资机构有兴趣投资像沙丘城市这样的大型建筑群。"

Delta 3000项目之所以这样命名，是因为它要确保荷兰在下一个千年（到3000年）之前的安全，预计耗资数十亿美元，并且需要私营部门参与才能提供足够资金。

在机械方面，Delta 3000项目涉及疏浚、拖运、装卸和压实成吨的泥土。施工过程很复杂，场地要经常切换。地基、水电安装和市政管道必须考虑到所有这些切换。市政设施的建设标准要求严格，每隔几英尺就要观察一下窨井位置，以及地基是否处于稳定状态。工人需要快速维修和更换供水或污水管线。"这只是围垦土地上的一部分工程"，科里曼解释说。

当然，阿尔梅勒并不是唯一一个从围海起步的城市。新加坡25%的土地通过围海造田而来。如果500年前的工程师们没有围海造田将孟买的7个小岛连在一起，孟买就不是今天的样子。旧金山湾区也有大量的填海土地和建设。据报道，旧金山

的有轨电车每天都穿过埋在城市下的一艘沉船的船体。东京、
里约热内卢、新西兰的首都惠灵顿，都是通过围海造田来扩张
城市的例子。更进一步的是阿拉伯联合酋长国，该国正在建设
一个"假"的浮动城市，里面有设计好的"最佳"复制品：300
个人工岛复制了全球各地的城市名胜，比如德国、摩纳哥、瑞
典的一些城市、意大利的威尼斯、俄罗斯的圣彼得堡等。

沙丘城市阿尔梅勒没有要建这种"度假胜地"的野心，这
里正在解决一个实际的设计问题。沙丘项目是全球第一个"取
之于水"的建筑模型，可以用来挽救气候危机下面临洪灾的城
市。至少科里曼认为意义如此。尽管看到或听到这种自然和社
会和谐发展的事例令人振奋，但是再好的谋划也有不足之处。

事实证明，Delta 3000 项目要在荷兰建造新的土地、新的城
市和社区，必须先进行为期数年的海底采砂工作。然而，采砂
会带来许多环境问题。当海床受到干扰时，海洋生物会受到伤
害。先前沉积的废物被搅动后在海底扩散或被抽取到地表。沉
积物有可能含有毒物，其中的重金属释放到水体中，然后被鱼
类吸收。汞污染已经成为海洋动物面临的主要问题。汞中毒会
导致人类大脑发育异常、心脏病或中风。其他重金属例如铜、
锌和镉也会对海洋和陆地生物造成危害。

科里曼说，环境测评表明 Delta 3000 项目的疏浚或采砂不会
带来危害。尽管如此，仅在阿尔梅勒市就需要数百万吨的沙子
来完成一个 1.3 平方千米的项目。而对整个荷兰的项目来说，

则需要另外的 220 亿吨，自卸卡车的总里程足以围绕地球转
1000次了。

挖掘、采砂和倾倒肯定会对生态环境产生影响。这样打扰
大自然值得吗？暴露于危害健康的因素中，填充海洋获取更多
土地，这是明智的选择吗？

香港大学地球科学系教授、填海事务专家焦志美博士认为，
应尽可能避免进行围海造田。像香港这样的城市土地确实有限，
才不得不填海。但是即使在香港，全面的测试和分析证明，某
些海域比其他区域更适合填海。填海过程中，影响到饮用水源
的地下水混合是一个主要问题，搅动了沉积在海床上的化合物
是另一个问题。此外，不同类型的填海材料具有不同的环境效
应。他指出，他的团队在填海与沿海生态系统要素间的关联性
方面进行了大量研究。就像在国际象棋中或者在围棋中，在棋
盘上移动一个棋子就可以引发一系列的可能性。扰乱海底沉积
物会产生非常多的后果。这样看来，在某些情况下进行地球工
程会受到大自然的惩罚，而在其他情况下不作为也会受到惩罚。

如果海平面上升引发的侵蚀继续，那么全世界将失去数千
英里的海岸线。洪水可能会发生在人口众多的内陆地区或传统
洪灾以外的地区。人口大规模搬迁绝非易事。

日本茨城大学全球变化适应科学研究所所长三村伸夫
（Nobuo Mimura）发表了一篇学术论文，他说：“预计到 2100
年，海平面上升将成为世界沿海地区的重大威胁。尤其是当热

带气旋增强与海平面上升叠加在一起时，处于淹没危险中的人口可能达到几亿。"

难以置信的是，我们面临着这样一种可能性：海平面上升会影响到与美国人口相当的人数。荷兰的洪水就是其中一部分，这很容易理解。但是，人们流离失所和财产大规模损失，只被视为学术研究的异常值，值得深思但并不受重视，现在一切都成为了现实。

为了避免大量的气候难民，我们将不得不造出更多的土地供人们居住。未来，用海洋深处泥沙填海的人工城市可能会成为许多人的家。

漂浮的城市

　　　　　　　Waterstudio. NL 公司正在设计未来的水上生活。公司领导 Koen Olthuis 等人的愿景是"2050 年，全球约 70% 的人口将居住在城市化地区。鉴于世界上约 90% 的大城市都位于海滨，我们已经进入一个不得不反思的境地——重新考虑我们在城市环境中的用水方式"。他是水上城市的设计者之一。他的项目范围很广：从整个浮动城市到浮动房屋、浮动高尔夫球场、浮动餐厅、浮动邮轮码头、浮动清真寺、浮动旅馆，甚至是浮动贫民窟。这些项目呈现了令人赞叹的建筑壮举，其使命都是为了应对气候变化引发的洪灾。

Waterstudio. NL 总部位于荷兰，业务是"水里、水上与滨水建筑、城市规划和研究"，项目不仅为了人类。

"海树"项目是设计一个垂直的绿色的动物栖息地。看起来比较激进：露天的"板材"堆叠起来，越高越宽。展示的模型中，绿植从每层溢出。整个结构漂浮在水面上，特地为城市环境而设计，因为城市的商业开发牺牲了高密度的绿色植物空间。

"海树"项目利用了与海上石油钻井平台相同的技术，原本希望石油公司捐赠"海树"给城市，以表达对环境问题的关注。"海树"是第一座专门为动植物建造的浮塔。

对于人类而言，Waterstudio. NL 正围绕着生活的方方面面开发建筑物。例如，韦斯特兰是在海牙旁的一个浮动城市，城市里有社会安置房、浮动岛屿和浮动公寓楼。

考虑到很多贫困人口处于气候变化的最前沿，并且最容易受到影响，Waterstudio. NL 设计了浮动贫民窟。这是一种漂浮在海上的集装箱，基座用 PET 瓶制成，有着超级现代的外观和纯白色的内部。联合国教科文组织的水利工程师网络正在全球各地开展这个项目。该项目是 Waterstudio. NL 的浮动城市开发基金会的一部分，基金会的目标是改善滨水贫民窟的生活条件。

Olthuis 认为，今天的设计师在气候变化问题上有着不可取代的作用，应该采用更具动态性的城市化方案来解决我们的问题。无论如何，都要考虑到一个由越来越多的水塑造的世界。

天空之城

"这个概念受到莲花结构的启发，莲花以其能够在污水中'出淤泥而不染'而闻名。"在保加利亚出生的建筑师兼视觉设计师托什科夫（Tsvetan Toshkov），目前在伦敦工作和生活。托什科夫在这里创立了自己的工作室，该工作室以令人惊叹的方式将建筑、计算机图形和设计结合在一起。

他设计了一张空中城市渲染图：美丽的莲花状的玻璃建筑伸展在天际线上，直入云霄。莲花塔俨然在向壮丽的大自然招手，彰显着环保思想，在原本混乱的混凝土森林中唤起宁静之感。它们的作用远远超过美学体验，为本世纪预期的人口爆炸开拓出新的生存空间。

耸立的莲花塔是反乌托邦的蓝图，上面透明的玻璃可以捕获阳光，并保持视野通畅。顶部的荷叶散开着，这些绿色空间覆盖了花园和池塘，营造出一种宁静的氛围。生活、工作、购物、娱乐和教育空间均在下面楼层进行。

莲花塔的设计灵感缘于缺乏绿色空间的曼哈顿市中心。托什科夫在设计时充分考虑了大自然和可持续性。它们适合建造在人口超过 1000 万的特大城市中，可以成群地建造并铺展开来，一个"空中城市"连接到另一个"城市"。当然，这些有

◎莲花城

一定高度的建筑还可以避开洪水灾害，除了底部可能会淹在水中。

特大城市越来越喜欢建造更高的建筑。沙特阿拉伯的吉达塔在 2020 年完工时，是全球最高建筑，有 1000 米高。这一高度超过迪拜的哈利法塔 152.4 米。

城市垂直发展并不是什么新点子，但是做一个垂直的城市结构是个新想法。一个非营利组织"垂直城市"最近出现了，"发起了一场关于垂直城市的全球对话，以寻求可持续发展的未来。"一些城市具有领先优势：香港拥有了 350 余座摩天大楼；纽约有 270 多个；迪拜的摩天大楼超过 190 座，还有数十座在建。这些可能看起来不像莲花塔，但是托什科夫的空中城市概念正在不断拓展。

　　洪水证明莲花塔不只是建筑师的审美爱好。垂直城市对于城市生活、商业和住宅开发的扩展是很有意义的。

第 10 章

在地表下生活

几年之后，墨西哥的首都墨西哥城将成为北美或西半球最拥挤的城市。这是一个拥有 2200 万人口的超大城市，也是世界上人口增长最快的城市之一。

墨西哥城的生存空间满足不了人口增长的需求。这里高层建筑很少，土地规划有很多限制，附近可扩展的土地正被迅速耗尽。这是一个以山脉和火山为边界的大都市，它被限制在四周的地理边界内：城市西部和北部是内华达山脉，东部、南部被低矮的山脉和火山环绕。

几千年来，由于墨西哥城丰富的自然资源如松树林、河流、野生动植物，甚至咸水湖，吸引了成千上万的人来这里定居。现在食物和水依然充足，但是缺乏更多的生存空间。

东京有 3800 万居民，是世界上人口最多的大都市。它目前向北部发展，摩天大楼林立，城市边界向外延伸，没有自然界限的阻碍。同样，纽约市区的发展跨越了东河，就是现在的布鲁克林和皇后区，一直向东延伸。伦敦建设早就跨过泰晤士河，深入南岸地区。墨西哥城没有这样的运气，大自然将人们困在山谷中。到本世纪中叶，墨西哥城有望增加数百万人口。高盛公司（Goldman Sachs）估计，到那时它可能成为世界第五大经济体，各种增长前景目前可以预测到。尽管如此，历史保护主义者仍然禁止拆旧建新，城市规划法律不允许在该城市的核心区域建造超过 5 层的建筑物。这里的公共交通设施已经老化，四周的山脉阻碍了中心城区同周边卫星城的交通，这些卫星城本应得到便捷的通勤。结果就是城市中心越来越拥挤。在任何大城市的高峰时段，都会有拥挤的人潮。

我们多数人可能都经历过这种人潮。这确实让人情绪崩溃，难以自持。所以当你独自站在宽阔的墨西哥城的中心，在最重要的宪法广场中心时会有不可思议的感觉。广场四个方向每边约有 244 米长，四周都是国家古迹。然而，只有几十个人在这里。它是一个广阔、开放的区域，一根旗杆矗立在中心处。

距离这个大广场仅几步之遥的街道上人潮涌动、川流不息，公共交通堵塞。这里经常有手摇风琴师、旅游团、身体彩妆表演等。街道上的小摊延伸到数公里之外。成群的工人和学生以及警察走在街道上，可能会比你在任何其他地方见到的都要多。

未来不久，将有超过一千万的人口涌入到本就十分紧张的城市空间中。由于空间发展的限制，面临的问题是如何安置这些人？一个可能的思路是向地下发展。这不是少数城市的情况，世界各地都有一些人已经生活在地下，甚至整个城市的人都这样生活。

在澳大利亚的库伯佩迪镇（Coober Pedy），天气炎热。100年前在这里搜寻欧泊石的人们，意识到必须将城市建设在明显更凉爽的地表之下。现在大约有 2000 人住在那儿。

库伯佩迪的年平均气温超过了 29.4 ℃，而夏季则始终保持在 32.2 ℃以上，有几周的温度会超过 37.8 ℃。而在深度超过 9 米的地下，温度相对恒定，并且很凉爽。有趣的事实是：无论你在地球上的任何位置，在这一深度的温度大约等于同一地方地表的全年平均温度。在库伯佩迪地表，全年温差波动比较大，大约有 11 ℃。

当然，并不是所有地方的地表之下都适宜生存。全球年平均气温最高的地方在埃塞俄比亚的达洛，地表气温恒定在 34.4 ℃左右，地表之下并不凉爽，因为地下有一个活火山。

在古人类时代，洞穴提供了凉爽环境和人身保护。在现代文明社会，住在地下似乎是不同寻常的做法。不过要接受这个事实：全球温度在未来 100 年中可能会急剧上升，地球一半面积的土地可能变得无法居住，数十亿人几乎不可能再继续生活在地上。

这样的温室效应场景意味着温度上升大约是预期的 3 倍；

一项科学研究指出，如果我们的皮肤温度在湿球温度下超过34.4 ℃，人类只能存活几小时。湿球温度考虑了湿度。之所以如此，是因为测量时用湿布覆盖着特制的温度计。天热出汗让皮肤湿润，通过蒸发让身体降温。当湿球温度高于34.4 ℃时，汗液不能有效排出，人体开始出现中暑症状。

根据美国普渡大学和澳大利亚新南威尔士大学的研究，如果温度比预期值升高 3 倍，美国东海岸的大部分地区，印度全境以及澳大利亚的大部分地区，中国东南部人口稠密地区等会变得太热而无法生存。

受到影响的地区的人们很可能会迁移到凉爽的地方，使其他地区变得更加拥挤。考虑到升温和人口集中度，最简单的解决方案可能是住在地下。除库珀佩迪外，还有其他的地下开发项目。

在日本福冈，东京大成公司的建筑师制订了"爱丽丝城市"计划，通过地铁和地下通道连接爱丽丝城市的地下空间。在芬兰赫尔辛基，有一个"影子城市"，里面建有公共游泳池、购物区、教堂、曲棍球场和一个工业中心。在北京，几十年前的防空洞被人们重新利用。新加坡计划建造一个地下"科学之城"，可以供 4000 多人居住。多伦多已经有了自己的道路系统：横跨近 2 万条的地下行人通道，通过各个交通枢纽连接了餐馆、商店和其他商业场所。纽约正在考虑建一条地下步道，类似于其广受欢迎的高线公园，行人可以在一条改造后的旧铁路线上缓步而行，既做到了绿色出行也避免了地面街道上的拥堵。相比高线公园，地下步道系统将成为世界上第一个地下公园。它将使用太阳能技术将电车车站改造成绿色生活空间。在照明、心理学和空间美学方面的突破，让人们具有在地下生活和工作的可能性。

有远见的建筑师正在与城市规划人员合作，对迫在眉睫的全球变暖问题提出切实可行的解决方案。

一些意想不到的情况促使人们考虑替代性方案。在 20 世纪 60 年代后期至 20 世纪 70 年代，意大利建筑师团体 Superstudio 设计了一个资源匮乏情况下的建筑。该团体的建筑师设计了一个基于传送带交通的可移动城市，以及其他确定的解决问题的计划。整个"城市"的居民住在站点附近，消耗着大量的自然资源。2016 年，罗马的国家 21 世纪艺术博物馆（MAXXI）展出了 Superstudio 的作品，包括 12 个理想城市的模型，以及悲情地应验了今天的气候问题的其他概念作品，这些将来可能会派上用场。展览展示了图纸、照片、视频和设计作品。从根本上讲，这些作品是对社会现状的批评，让人警惕过度消费的危险和现代城市中基础设施的很多不足。

Superstudio 的建筑师们计划建设一个新世界。他们的设计背后可以看作是一个社会隐喻，认为当时的世界正走向毁灭边缘。如今，建筑师正处在一个控制环境污染和全球变暖的世界，而不仅仅只停留在理论层面。此外，他们将城市扩张视为大敌，蔓延的城区破坏了大量自然资源和自然栖息地。"摊大饼"式的规划扩大了城市范围但消耗了更多土地，从而减少了当地的自然资源。例如，为了住房和商业发展而砍伐森林。

早在达·芬奇生活的时代，这位伟大的发明家就发明了应对人满为患的生活环境的创意，旨在为城市民众建造房屋并输送自然资源，他的一项宏伟计划是分流河流。但是，去世于1519 年的达·芬奇和当时的城市规划者尚不需要那么担心土地面积。那时候人口爆炸尚未开始，有很多土地可以利用。

直到 19 世纪人口爆炸才开始，在约 100 年的时间里世界人口翻了一番达到 20 亿。从那以后人口显然呈指数增长，当今世界上约有 80 亿人，需要更多的土地。根据美国国家科学院的数据，到 2030 年城市化所需土地的面积将是 2000 年的 3 倍，预计中国的城市化增长最快。

如前所述，截至 2019 年世界上人口最多的城市是东京、德里、上海、圣保罗和墨西哥城。到本世纪末，世界上人口最稠密城市的大都市圈中的人口数量，可能是当今东京人口的 3 倍。尼日利亚拉各斯可以容纳 8800 万人，撰写本书时该地区已有2000 万居民。刚果民主共和国金沙萨将是地球上第二大人口城市，从今天的 1100 万人增长到 8300 万人。坦桑尼亚达累斯萨拉姆的人口增长将更为惊人：人口将从 450 万增加到 7400 万人。孟买将有 6700 万人，是今天居民的 3 倍。德里的人口预计将增加 1 倍以上，达到 5700 万人。

这些城市已经人满为患，几乎没有容纳更多居民的空间。这意味着用地将更加拥挤，生活资源缺乏，生活压力巨大。

为了应对城市过度拥挤和土地扩张，智慧城市运动开始了。智慧城市利用各种技术来更好地管理资源。微软凭借 City Next 计划成为智慧城市领域的引领者，这项创新通过连接不同的信息来完成从管理交通到运输食品和水等各种事务，从而实现更加数字化的城市生活。Google 通过下属的人行道实验室在研发智慧城市产品。毫无疑问，气候变化将影响城市生活的多个方面，而应对气候变化的新技术蕴藏着未来的大商机。

古时候，由于没有人工冷却技术（如空调）或加热技术来解决人们的暖通问题，因此往往通过设计自然空间来提升人类的居住品质。

约旦古城佩特拉（Petra），曾因电影《夺宝奇兵》和《最后的十字军东征》而闻名。这里曾经是繁华的商业中心。公元前 5 世纪估计有 2 万人居住在那里，当时的居民生活在山体上的洞窟里。古时候中国、土耳其、波兰、意大利和非洲也存在一些地下城市。当时居住在地下的原因除了气候更为温和外，还可以防御入侵者及躲避战争。现在全球变暖是人类面对的最大敌人之一，美国国防部甚至将其列为头号威胁。

人类缺乏降低全球气温的灵丹妙药。随着全球继续变暖，人类可能不得不每年在地下空间生活一段时间，就像古时候的人类那样。返回到洞窟居住，像进入子宫一样安全，但是这些洞窟不一定要建在地下。

在古老的玛雅文明时期，城市是建在彼此之上的。例如，阿兹特克人的神庙建造在湖面上，西班牙人征服他们之后，在阿兹特克人的神庙上建造了教堂。最终西班牙的殖民城市建在了阿兹特克城市的顶部。该城市就是现在的墨西哥城。

墨西哥城的宪法广场，是供聚会和庆祝活动使用的大型公共空间，也有人认为是巨大的空间浪费。墨西哥建筑师 Esteban Suárez 的想法有所不同。他认为，为什么不从曾经的阿兹特克人首府 Tenochtitlán 汲取灵感呢，墨西哥城的地基也将是新城市的基础。为什么不向下发掘而要一直向上发展呢？他设计了 Earthscraper 大楼，即一个面向地心的摩天大楼，深入地面以下近 305 米，从空间上而言，好像又回到了过去。

"我们认为这很有趣，如果不去建摩天大楼，而是深入地层向下发展将怎么样？"苏亚雷斯说。

Earthscraper 大楼听起来很酷，但是环保主义者和市政官员对此并不认同。当时这个设计也没有在媒体上引起人们太多关注。突然间，Earthcraper 大楼引起了全球轰动。在 2010 年享有盛誉的 eVolo 杂志的年度摩天大楼竞赛中，它进入了决赛。来自世界各地的人们联系上了苏亚雷斯，决定将他的设计思路纳入市政计划。它出现了各种变体，地下建筑概念的一个即兴之作就建在墨西哥城市郊，圣达菲花园，一座深入地下 7 层的购物中心。

地下建筑的施工并不容易，这就是为什么目前地下建筑还比较少的原因。管道必须克服重力，地基要承受附近地层的压力。需要人工照明弥补自然采光的不足。保持空间的开放、通风和采光比较棘手，建筑造价高昂。总体而言，地下建筑的成本可能是传统地上建筑成本的 5 倍之多。但苏亚雷斯说这是必经之路。他说："我们需要墨西哥城垂直发展，因为城市横向扩展无法进行了。"

墨西哥城周围的卫星城镇被苏亚雷斯称为城市扩张的"大爆炸"。Earthscraper 大楼是一种以相反方式尝试的"垂直化"解决方案。他说："从城市化的角度出发，这是试图将新生活带入历史并解决居住、商业和办公空间问题，而实际上除了地下你已经没有其他空间可用了。"

苏亚雷斯 40 余岁，在墨西哥城出生长大。他与兄弟塞巴斯蒂安共同致力于设计新的城市空间，塞巴斯蒂安是其建筑公司 Bunker Arquitectura 的合伙人。

该公司的名字来源于苏亚雷斯的第一个办公室，一个位于市中心的地下室。那个办公室很小，也没有窗户，但那是他事业刚起步时能承受得起的地方。

苏亚雷斯的目标是将大自然以意想不到的方式融入城市环境中。他提到，一座桥梁也可以为绿化留点空间，亭子可做成仙人掌状。他的设计看着既现代又有历史感。他将自己的建筑公司描述为一个平台而不是一家公司，该平台旨在开发 21 世纪建筑的新思路。

　　在与他交流时，他分享自己的设计策略：直面问题的核心。他的设计犀利、棱角分明、尖锐，但同时也很受欢迎，即使部分作品看起来有些不合常理。

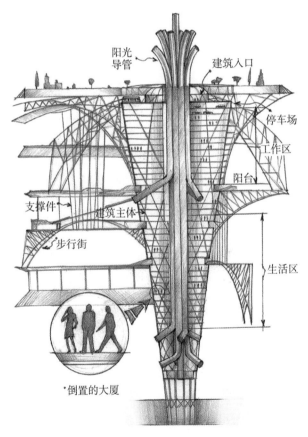

◎Earthscraper 倒金字塔形建筑

Earthscraper 大楼是一座倒金字塔形建筑。设计的玻璃天花板几乎有整个宪法广场那么大，允许阳光照射下来。绿化过的人行道两旁都是天然树木。一个博物馆展示着墨西哥的文化古迹以及金字塔的历史渊源。尽管埃及也有金字塔建筑，但墨西哥和中南美洲的金字塔比世界其他地方的都多。

Earthscraper 大楼的不同楼层分别用于零售、商业或住宅空间。按照设计，公共交通也将直接穿过建筑物。Earthscraper 大楼由钢化玻璃和钢材制成，设计图上的建筑看起来现代、明亮、温馨。很重要的一点是，它没有设计成多洞穴结构，毕竟人类害怕地下的幽闭空间。

根据多项研究，全世界多达 7% 的人口（约 5 亿）患有严重的幽闭恐惧症。的确，大多数人在缺乏空气、光线和空间出口的情况下会有压力和焦虑。黑暗是人类最大的恐惧，它会扰乱睡眠模式并影响人们的情绪。苏亚雷斯说，这让人有被埋葬的感觉。这就是为什么他设计 Earthscraper 大楼时要尽可能地利用自然光的原因。光线穿过大的玻璃天花板后，一层层透过玻璃地板和墙壁，直达金字塔的底端。在结构的底部，一个水箱将存储从玻璃天花板流下来的雨水。大楼内设计有进行水循环的水箱，以及一个水处理厂。整个大楼内部都会非常明亮。

Earthscraper 大楼中的水管理系统有着某种诗意。它将使居民有生活在地面上的感觉，就像看到种子在发芽生长。

但是，并非所有地下居住空间都具有苏亚雷斯所追求的美感。在北京，以前的防空洞被重新开发用作住房。

南加州大学空间分析实验室主任安妮特·金（Annette Kim）在北京待过 1 年，观察和研究了居住在地下的人的生活。她说，他们的居住条件各不相同，从极其潮湿、肮脏的公寓到类似伦敦地下室公寓的地方都有。湿度和霉菌是最大的健康隐患，她说："这是设计的问题。"那些住在类似宿舍的地下室环境中的人相对适应，因为干净、光线较为充足。而有些住宿条件则很糟糕。一名妇女告诉她，生活在地下空间不是人过的日子。

中国正在尝试更令人舒心的设计。《南华早报》2017 年 6 月报道说，国家计划开发"地下新世界"。该报道称，地质学家一直在研究中国北方不同地方的地下商业用地，包括购物中心和娱乐设施。

中国幅员辽阔，按国土面积排名世界第三。人们往往需要居住在商业中心附近以方便工作，这就是为什么很多人选择住在北京的地下室。他们主要是低收入群体，通勤对于他们来说成本很高。比起更远的地方，他们住在离上班地点更近的地下空间，感觉更便宜高效。

全球人口中心愈加集中的趋势，可能迫使大量劳工阶级在地下居住。到了晚上，在地上和地下的黑暗中生活似乎是一样的。但是，对于许多人来说，迎着日出去上班才是可接受的通勤方式。

地球深处出现僵尸，这是恐怖片里常见的镜头。但是越来越多的人相信，人类将不得不在地下生活，高温和极端天气将迫使我们回到地下。

无需为了应对全球变暖而建造整个城市，世界上的富翁们流行建"世界末日掩体"。这种住宅旨在抵御严重的人造灾难或自然灾害，里面备有可以持续数月甚至数年的生活用品。最新的娱乐设施也配备了，其中一些还设有游泳池和影院。

在加州圣地亚哥，分时度假与房地产开发商罗伯特·维奇诺开发了一个这样的高端避难社区。它被称为 Vivos。南达科他州也有一个类似的社区，由 575 个掩体组成，可容纳 10 000 人，被誉为地球上最大的避难社区。这只是其中一部分，世界范围内还有其他正在建设或规划的项目。Vivos Europa one 是德国一个面积为 21 182 平方米的地下建筑群，开凿在坚固的山体上，位于德国罗滕斯泰因市的一座 121.9 米高的山脚下。

全球变暖催生了越来越多的替代性住房方案。这是对城市发展形态的反思，尤其在热带地区，那里本来已经很高的平均气温将变得更高。接下来的一个世纪中，若走在中东或赤道地区的大城市中，看到的可能是荒芜的、被遗弃的景象。然而，在地下也许会有蓬勃发展的城市文明，就像脚下的 Earthscrapers 大楼。

苏亚雷斯的计划已经准备就绪，尚待实施。他对其他类型的建筑也有构想，以适应严峻的未来。

南加州大学的安妮特·金强调建筑设计对于地下居民的身

体健康、安全和心理健康至关重要。通过将新的设计标准与心理标准相匹配,可以开发出更好的地下栖息地。

墨西哥城宪法广场中心的旗杆底部,有四块正方形的透明瓷砖。经由它们射出的灯光照亮了飘扬在上方的墨西哥国旗。而第五块瓷砖,则是由水泥制成,挂着锁。很难想象,脚底之下就隐藏着人口爆炸和城市拥堵的解决方案。

海底城市

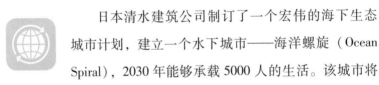

日本清水建筑公司制订了一个宏伟的海下生态城市计划,建立一个水下城市——海洋螺旋(Ocean Spiral),2030 年能够承载 5000 人的生活。该城市将成为水下城市的建造、运营和维护方面的典范。该项目的造价高达 260 亿美元,但清水公司有信心建成。详细的计划包含建筑蓝图、站点地图以及明确的时间表。这家建筑巨头正依靠新兴技术提升效率(例如 3D 打印)来实现既定目标。建造过程预计将完全在海上进行,全程自动化作业。

清水公司根据海底地形从亚太地区到美国大西洋沿岸,为海洋螺旋做了多个选址。它希望最终在海面以下建立一个城市群,充分发掘深海的空间潜力。例如不再怕恶劣天气,因为深海不会受到暴风雨的影响。

直径为 500 米的圆球会漂浮在海面。这是海洋螺旋的顶层,通过透明的玻璃面板，中庭向天空敞开以采光。效果图中，人们在环形开放区域的纯白地板上行走。这里有植物和绿植墙，有食客、购物者和背着双肩包的孩子们，有投屏电视和球状的电梯。从这个外观宜人的楼层开始，城市顺着管状结构盘旋而下，管状结构便于上下运输物品。超大的平衡球附着在海洋螺旋的底部，平衡着垂直运动。

商业活动设计在中间层。清水公司希望中层商务区是从事能源、旅游和研发业务的公司所在地。

发电厂、粮食种植和深海港口位于商务区的下方。在地面以下4000米的底部是海洋螺旋的工厂：这里可以进行深海研究，培育和开发作物，以及储存、处理和再利用二氧化碳。

这个城市以科学教育、科技实验和海洋生活为中心。

海洋热能将为整个城市提供动力。食物和水也来自海洋，海洋螺旋能够做到自给自足。

"现在是时候建立与深海的联系了，因为它是地球最后的边界，"清水公司说，"人类将利用我们开发的深海城市作为大本营，利用深海的力量来修复地球。"

随着地表之下被视为潜在的生活空间和工作空间，无疑也为探索海底提供了新的可能性。海洋螺旋仅仅是开始。

库伯佩迪

位于澳大利亚阿德莱德以北 805 千米处的库伯佩迪镇，从一开始就不是作为未来城市而精心规划的，它"自然生长"成目前这样。现在，其他地方都开始效仿它了。

1915 年，最早来到这里的欧泊石矿工押对了赌注，这里的欧泊石享誉全球。如今库伯佩迪被誉为全球欧泊石之都。考虑到周围的严苛环境，矿工们地质结构方面的"丰富"知识在建造房屋时派上了用场。他们的房屋是出于居住需要而不是炫耀而建的。他们用挖矿工具挖掘出凉爽的地下空间，然后建造出房屋。随着全球温度升高，许多城市将向地下寻求生活空间。

这里的房屋是在砂岩里挖出来的，在地下蔓延着连到了一起，形成了一个不受烈日照射的沙漠绿洲。地下房屋中不需要空调。直到最近这里的主要能源还是汽车用的柴油，但库伯佩迪已转向可再生能源——太阳能和风能，因为它们更便宜且更容易获得。这里还种植了当地树种以提供遮阴，并非为了景观建设，而是实用化的考虑。该城市正因地制宜地适应自然的力量，而不是让居民用不切实际的设计违背自然。这里的生态化实践是地下生活的典范。

中东的科威特市是地球上最热的城市之一，现在这里如此炎热以至于人们猜测到 2100 年时是否还有人居住。他们可能不得不开始考虑向下"钻探",不过是为了住房而非石油。科威特市已经学会了必须考虑气候因素。在过去的几十年中,这里建造了许多带玻璃幕墙的高楼,而这需要空调几乎全年运转。它的道路系统最近被改造成网格系统,这意味着交通变得更加拥堵并造成了更多的污染。西方化的美学牺牲了气候。

缺乏远见的并不只有科威特城。代表了全球最大城市群体的气候组织 C40 预测,到 2050 年,全球 970 个主要城市将不得不重新考虑热能问题。该组织在名为《对于城市,高温继续》的报道中指出,"在接下来的几十年中,遭受极端温度影响的城市数量将增加近 3 倍……到本世纪中叶,遭受高温的城市人口将增加 800%,达到 16 亿。"

为了防止数百万居民流离失所,重新设计城市至关重要。为此,库伯佩迪是一个充满希望的城镇。这里的人们没有流离失所之虞,而是拥有温馨的地下家园。

阻止冰川融化

在北极，因全球变暖融化的冰量决定着亿万人口的未来。它将决定谁活、谁死、谁失去家园、哪些地方将从地球上消失。反之，若保住了冰川，世界将照常繁衍生息。

冰川融化与海平面上升有关，海平面上升引发海岸侵蚀和洪水，洪水泛滥造成灾害。在少数寒带地区，一些冰雪融化会让植物生长、物种繁盛。但是，随着温度升高和极地冰川融化，世界上大部分地区将遭受多种灾害。

冬季，北极地区形成约 1550 万平方千米的海冰；夏季，约一半的海冰融化，然后下个冬季再次冻结。这是一个自然的冰川水循环，已经持续了亿万年。但是近年来较高的海洋温度导致冰川越来越多的融化，越来越少的融冰能够再次冻结。北极冰的面积连续下降了数十年之久。如果这个融化速度持续下去，到 2050 年夏季，北冰洋几乎所有的海冰都将融化，甚至可能更早发生。这将意味着 5500 万年以来，北极将首次出现一片蔚蓝的海洋，大西洋和太平洋连通了。

北冰洋海冰融化本身不会引起海平面上升。海冰已经占据了海洋的一部分体积，接下来发生的一系列变暖事件才是最可怕的，会让世界陷入气候危机。

温暖的水会膨胀是一种物理现象。当这种情况发生在海洋中，海岸就会受到侵蚀，同时陆地上形成的冰川也开始融化。这非常危险，与海冰不同，陆地上的冰川融水会增加海洋的体积。地球没有多余的空间去储存更多的水，海平面就开始上升。

北半球海平面上升最明显的区域是格陵兰冰盖。格陵兰岛的面积是得克萨斯州的 3 倍多，是世界上最大的岛屿。这里 80% 的面积被冰川覆盖了，在某些地区冰川厚达 3.2 千米。总而言之，格陵兰岛上的冰比北冰洋里的更多。如果格陵兰岛的冰完全融化，全球海平面将上升 7.3 米。而且一旦解冻，融化速度会很快。北极的解冻速度是地球其他地区的 2 倍。

海平面每上升 0.3 米相当于 304.8 米的海岸会被淹没。冰川融化使在沿海城市生活的十亿人口中的四分之三处于危险之中。伦敦和迈阿密等主要城市将可能完全被淹没，很多物种可能会灭绝。考虑到后果非常严重，美国国家航空航天局（NASA）用在线交互工具创建了一个综合性的警报系统。有了它人们可以看到冰川融化对自己城市的影响，期待各地采取一些预防措施。在这个交互工具中，单击你感兴趣的位置，就可以看到海平面上升后发生的各种情况：海岸侵蚀、洪水、淹没等。令人恐惧的是，海平面上升 0.5 米就会影响到全球 293 个大城市。几乎可以肯定，到本世纪中叶，海平面上升的幅度将导致更多的洪灾、水土流失和经济损失。

冰川融化将导致海平面整体发生变化，但特定的融化区域加上地球自转影响，某些地点会先受到影响。而且难以预期，例如距离纽约市最远的格陵兰岛东北部的冰川对曼哈顿的影响要大于纽约附近的冰川带来的影响。这是由于地球自转，加上冰川向海中的汇入以及水的流动因素。出于很多类似的原因，伦敦与格陵兰岛西北地区冰川的联系也更为密切。

海平面上升情况无疑是复杂的。联合国政府间气候变化专门委员会（IPCC）试图做了一个简单解释："通常认为格陵兰和南极冰原的冰川融化后，将导致全球范围海平面均匀上升，就像向浴缸里放水一样。实际上由于多种交互作用，包括洋流、风、地球重力场和陆地高度的变化，这种融化导致海平面的上升并不均一。例如，对后两个过程用计算机模型预测，融化的冰盖周围的海平面的局部会下降，这是因为冰川和海水之间的引力作用减小了，并且随着冰川融化，陆地趋于上升。"这里需要解释一下：当冰川融化时，冰川下的土地往往会抬升，因为承载的重量减少了。

但是，这种简化实际上忽略了一些其他因素。比如融化时间、冰盖的年龄和盐度等因素也会发挥作用。以瑞典斯德哥尔摩为例，若那里的海平面上升，陆地上升速度会更快。瑞典周围的地表仍未从上次冰期的重压后上升到位，某些地方地壳凹陷达 305 米。

考虑到影响海平面上升的所有复杂因素、区域性和时间因素，最应注意的国际标准是全球平均海平面水平（GMSL）。它纳入了所有影响海平面上升的因素，用统一的标准测量了海平面高度。显然，整个格陵兰冰盖融化的概率很小，南极冰盖完全融化的概率也很小。南极冰盖面积是格陵兰冰盖面积的 10 倍，若融化将导致海平面上升 61 米以上。数以千计的气候科学家使用不同的建模方法进行了更为谨慎的分析，到本世纪末，GMSL 的上升幅度为 1.8～2.0 米。即使上升值仅达到这个共识值的一半，仍将影响 1.45 亿人，全球有这么多人生活在海平面 0.9 米的影响范围内，到时候海岸线将改变，佛罗里达南部陆地面积的三分之一将消失。地势较低的国家，例如孟加拉国和荷兰将遭受更多洪灾。对于这些后果，气候科学家非常震惊，难以想象海平面上升后更加极端的情况会如何。目前科学家对可能发生的情况做好了预案。

挪威的斯瓦蒂森冰川也值得关注。斯瓦蒂森是挪威第二大冰川，面积约 388.5 平方千米，约为纽约市面积的一半，整齐地坐落在北极圈内。冰川被山体切割成钻石的形状，融化点离峡湾很近，融冰流入了下方的霍兰峡湾。在那里融水流入峡湾包绕的内湖，最终通过湖口流入大海。

周围的山脉和景色十分壮丽，人迹罕至，保持着原生态的模样。红色小屋点缀山间，奶牛在修剪整齐的草地上悠闲地吃草。荒原和森林绵延到数公里之外。风从遥远的北方吹来，带着北极的凉意。海岸边波涛汹涌，白浪冲击着礁石，展现出令人生畏的力量。

这里的海洋风光壮美又难忘。绵延的山峰，陡立的岩壁，给人留下很深刻的印象。斯瓦蒂森冰川形成于两个山峰之间，这些岩石的相对高度超过 1828 米。冰川呈锯齿状，犬牙交错。冰川的裂隙很深，一个接一个，透过裂隙可以看到冰川深部和冰川的色调变化。冰川平坦的白色表面反射阳光到对面的棕褐色石头上，看着一尘不染。山体黑暗的褶皱，就像老人的皱纹，隐没在岩石的凹陷处。80 千米时速的风吹打着冷雨，这种情况下冰川融水流动的声音依然清晰无比。这里的河流和溪流都源于冰川融化。冰川给湖泊和小的水体提供水源，甚至还可以提供动力：斯瓦蒂森的河流上有一个还在运行的水电站。

恩加布里恩（Engabreen）是外围冰川的一小部分，即使融化了对欧洲海平面上升的影响也会非常小。用肉眼看，这块占地 364 平方千米的冰川看起来很是坚实，但是它正在以惊人的速度消退，缩小到自末次冰期以来的最小规模。

斯瓦蒂森并不"孤单"，世界各地的冰川都在消退。冰川研究人员测量了地球上 198 000 个冰川，发现温度升高使越来越多的冰川在加速融化。比如喜马拉雅山脉许多冰川将面临融化。研究人员发现这里正在形成新的湖泊，融水缓缓流入。这是一个非常不好的信号，这里很多人依赖喜马拉雅山脉冰川融水形成的河流来种植粮食、作为饮用水或用于水力发电。随着陆地表面温度升高，海拔较低的冰川逐步融化。众所周知，随后该地区产生的多余热量也会增加，这些热量将加速海拔较高的冰川的融化。喜马拉雅山脉最高峰珠穆朗玛峰，海拔 8848 米，那里的冰川也在消退。

世界各地都可以看到冰川，比如两极附近、非洲高山之巅、太平洋海岛的山峰等。其中，格陵兰和南极洲的冰川对海平面上升影响最大。除海平面上升外，冰川融化还会带来其他后果。世界上大部分的淡水（约 70%）被锁在冰川和冰帽中。冰川消失后，淡水储备也就消失了。冰川冷却了地球，对阻止全球变暖十分重要。

冰川始于积雪。随着雪的积聚和加厚，它被压缩成冰。时间流逝，压实的雪逐步积累成厚实的冰层，里面的空气形成气泡或被挤出。最终，重力开始发挥作用，冰川向外、向下滑动，有条不紊地一点点移动着。它们是充满活力的怪兽，随着季节变化而热胀冷缩，天气不同，热胀冷缩程度不一。在最近的几十年中，它们大多因融化过多而缩水了。

美国国家冰雪数据中心（NSIDC）位于科罗拉多大学博尔

德分校，与许多相关的政府机构一道存档了世界各地的冰川数据。NSIDC 解释说：全球升温、水体蒸发量变大、强风让冰川消退越来越多。预计会出现更多的消融，就像雪和冰的融化或蒸发。"只要积雪积累速度等于或大于消融速度，冰川就会保持平衡甚至增长。"但是在过去的 100 年里，并非如此。该组织发现，所测量的高山冰川中有 90% 正在消退。"造成这种大范围消退的原因多种多样，但主要原因是气候变暖，以及农业种植和工业区的烟灰和粉尘增多。"

在本书其他章节中，我们讨论过反照率或表面反射率。新鲜洁白的雪能将 95% 的阳光反射回太空，水仅反射回 10%。但是烟灰和粉尘的覆盖，降低了雪和冰的反照率。烟灰和粉尘是深色物质，会吸收阳光中的热量，从而使冰和雪融化得更快。滞留在大气中的热量越多，温室效应就越大，从而使全球温度升高。实际上，最近地球表面覆盖的冰和冰川减少，相当于在大气中增加了 25% 的温室气体。我们很难承受这种后果。为了控制全球温度上升，美国预计减少了 25% 的温室气体排放。我们很有必要通过节能减排以阻止全球温度进一步升高。

如果所有的冰川和冰盖融化，海洋将上升 70 米左右，海岸会被淹没，同时还会淹没许多低海拔地区。丹佛（Denver）等山区城市也许能够幸存，但地球的多数地方将变成电影《水世界》里的景象。我们现在不是处在科幻世界中。根据《自然·气候变化》论文，通过减少碳排放量来降低全球气温的概率仅有 5%。这意味着很难阻止冰川融化。海冰融化一旦开始只会越来越多：海冰消失后暴露出的陆地和海洋越多，温度升高的程度就越多，进而又促进更多的冰融化。因此，节能减排不起作用怎么办？一群科学家认为他们有办法：修复全球冰川，使其不再融化。

"我们可以控制格陵兰和南极冰盖的消融。"现年 57 岁的约翰·摩尔说，他是北京师范大学全球变化与地球科学学院的气候科学教授、首席科学家，在中国任教十多年了。摩尔居住在北京，但他经常去北欧的冰川地区考察，在芬兰拉普兰大学北极中心兼职。他经常在冰川中进行实地研究。他的思路是：通过地球工程学手段，使冰川保持冻结状态，从而争取了解决气候变化的时间。如果到 21 世纪末，大多数沿海城市将如预期的那样受到海平面上升的威胁，那为什么不在社会能够有效解决其碳排放问题之前，找到办法消除这种风险呢？"仅海平面上升所带来的经济损失就非常大，不能坐以待毙。"摩尔说。如果没有海岸保护，到 2100 年，全球因海平面上升引起的年经济损失将达到 50 万亿美元。而在冰川上开展地球工程，成本非常小并且立竿见影。

摩尔举出了在全球不同地点进行冰川试验的许多例子，如亚洲、南极洲等，当然还有北极地区。北极中心的地球科学家鲁珀特·格拉德斯通、芬兰 CSC-IT 科学中心资深应用科学家托马斯·茨温格、普林斯顿大学的冰川学家迈克尔·沃洛维克，与他一道研究了 3 种独特的方法来阻止冰川消融、流水归海。第一种方案是阻止融水流入冰川。通过阻止较暖的水进入冰层，融化就会变缓，保留更多的冰块使冰山保持形状。这可以通过沿大陆架创建人工堤岸然后抽取融水来完成。"这个人造堤岸或护堤可以覆盖在混凝土下，防止被侵蚀。护堤的施工规模与大型土木工程项目不相上下。"科学家说，与苏伊士运河、香港机场、三峡大坝相比，这个项目需要更大规模的材料和施工，从而建造出一个混凝土海防结构。

另一个方案是建立人工的保护屏障，将北极冰川前端的冰架固着到海底来实现。通过建造人造岛屿，阻止温热的海水侵蚀冰川。他们的第三个方案是将冰川下的流水抽干。急速滑行的冰流输送了 90% 的冰进入大海。摩尔及其同事解释："当冰滑过冰床时会摩擦生热，在冰流底部这些水起润滑剂的作用，加快了冰的流动速度，进而产生更多的热量……更多的水。"通过排出水流，冰川滑动变慢，保证有足够的时间让冰川恢复。

最后这个方案，减缓流动的想法似乎最可行。在斯瓦蒂森冰川和南极的两个地方的实验很成功。

在斯瓦蒂森，冰川学家在冰川下方的基岩中钻出渠道以排干流水。排出的水流为水电厂提供了动力，同时为摩尔这样的科研人员提供了一个生动的例证，证明在其他地方也可以用这个办法来保护冰川。

在斯瓦蒂森的恩加布里恩隧道内，已建立了一个完备的实

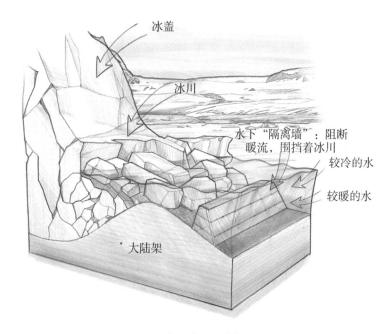

◎冰川"隔离墙"

　　验室来监测冰川。这里卧室、厨房、浴室和工作区一应俱全，科学家可以全身心地研究冰川中水如何转化，以及冰川的成分变化。有人称它为世界上最易得幽闭恐惧症的实验室。毋庸置疑，这里是开发冰川理论模型的前沿阵地，有助于阻止冰盖迅速消失。

　　到达隧道并不容易，需要先乘船横跨湖泊。平底船有着黑灰色、开放式的甲板，看起来像电影《007》中的舰艇。船长开足马力前进。人站立在甲板上，双腿之间是马鞍状的扶手，身上系着安全带和救生圈。在湖中飞速前进 10 分钟之后，到达了一个安静的世外桃源。船停靠在一座 20 世纪修建的红色船屋前。大家上岸后，从湖边林地步行到远处的冰川。路上看到一个小农场、一群牛、一只麋鹿。峡湾远处岸边有一个小吃店和观景台。最后一班船在晚上 7:30 返回，错过了就得独自一人在这里过夜。

我的冰川之旅从峡湾最东边开始。有两条小路通往山顶，在那里可以看到冰川：较短的那条路可以迎面看到冰川，另一条顺着河岸直达山顶附近的树林中，那是隧道所在的地方，在地下 198 米处。

红色路标引导着你经过山石、裂隙和溪流，你可以用手抓住一个由铁链制成的护栏，防止在陡峭的斜坡上滑倒或跌落。铁链一直通到冰川的底部，继续往上走就考验平衡能力与智慧了。这条小路一开始还能看到树，往上就是湿滑的泥土、苔藓和岩石，而且越来越陡峭。路上红色的路标像捉迷藏一样，迫使你时常在巨石边盘旋。北极圈内的天气转瞬即变，乌云、冰雨、狂风增加了跋涉的难度。空气越来越稀薄，不得不大口喘气。你的大腿因为一直攀登而酸痛，步伐很慢。你感受到了周边的寂静，奔腾的溪水，还有自己的呼吸。风的阻力很大，你周围的其他物体如树木、草丛、岩石、冰块，早已适应了寒风，顺风而动或避开风力。这提醒人类，早在人类之前地球就已存在，而人类之后地球将继续存在。人类作为一个物种的存在时间，取决于如何顺应自然环境。

在隧道里的实验室内，科学家们正在开展冰川方面的研究。他们从不同时期的冰芯样本模拟历史上的气候并为未来寻求解决方案。在冰川下的实验室中实地研究几个月，科学家们可以更好地认识冰川的生成规律。这些知识使人类能够科学地改造耗时数百万年才形成的地层和冰川。

例如，恩加布里恩隧道里的研究促进了摩尔的发现，而该研究反过来又获得了其他地方的支持。中国政府投资了 30 亿美元用于极地研究，其中一些资金将用于摩尔的地球工程项目。北极的西北通道除了对世界环境有重大影响之外，通道的清理还对采矿、捕鱼和国际贸易产生重大影响。若大西洋与太平洋连通，运输公司可以缩短数千英里的航线；船舶将直接向北航行，而不必绕道非洲。

无论研究项目的总体目标是什么，中国对摩尔的经费支持可以使冰川地球工程推进得更快。摩尔解释道："我们已经在进行模拟。"尽管考察冰川的野外工作已经开始，但要开始任何建设，还需要几年的观察。摩尔说，每种阻止冰川融化的解决方案，都将从一个小规模的预试验开始，并且根据初步结果再逐步放大。理想的实验结果不仅仅是融化停止了，工程建设如何影响到动植物的栖息地也需要考虑到。

摩尔和同行们非常清楚干预冰川可能带来的危害。对于制订的每种解决方案，他们都会讨论施工条件的危险性和环境风险。例如，如果建造护堤来重新引导融水，意味着"需要在冰川旁的冷水中施工，任务艰巨并且有潜在危险"。这也意味着当地海洋生态系统将受到湍流影响和沉积物破坏，破坏的方式未知。一旦冰川融化速度减缓，长期损失也可能增加。对温度变化敏感的海洋环境将随着海洋成分的变化而改变，从而影响到整个生物圈及生态模式。

建造人工岛或排干冰河同样会带来相应的负面结果。但是这些科学家提醒我们，最大的风险是无所事事啥也不做。"与全球范围的海平面迅速上升相比，或与极圈内冰盖坍塌的影响相比，这些方案带来的影响小之又小。"

因此未来整个北冰洋可能是一片汪洋，到那时全球地图需要重新绘制。在格陵兰岛或南极的大冰川交界处，将会有很多堤防、成串的岛垒和泵站。这些新因素可能会导致新的洋流模式变化，各地的天气和季节模式也将改变。天气将如何变化、波及哪里，目前未知。

气象学家正在开发计算机模型，以解决北极融化时的海面温度变化的问题。目前已经知道，北极变暖会削弱大气中的极地急流，将更冷的空气送往南方。例如，北美著名的极地气旋主要发生在冬季。持久的、变暖的极地急流可能引发一系列天气变化，极端天气会加剧。知名天气网站 AccuWeather.com 的一份报告指出："如果北极融化，热浪、暴雨、干旱、暴风雪和飓风都将变得更加普遍。" AccuWeather.com 是全球最大的天气信息平台。

极端天气、海平面上升、洪水、人口流离失所……地球冰川工程或许可以阻止这些即将来临的危险。

Ice 911

Ice 911 的名字颇为醒目，这个非营利组织有着一个看似很有挑战性的使命：通过在北极恢复冰川来降低全球气温。他们打算把沙雪（由玻璃制成、类似沙子）运送到北极圈内，通过反射太阳的能量使地表保持寒冷。

反射材料模仿冰块的效果，将 90% 的太阳热能反射回大气层。该材料由二氧化硅（玻璃的主要成分）制成。Ice 911 声称这种材料对人类、动物和当地生态系统无害。这家非营利组织指出，二氧化硅存在于许多食品和食品原料中，并且常用于动物饲料。"最重要的是，二氧化硅微球会缓慢降解。"

斯坦福大学教授莱斯利·菲尔德博士通过 10 年的研究和测试，发明了这种材料并成立了该组织。

2017 年，在阿拉斯加的北极地区，反射颗粒被散布到了16 187平方米的冰上。这次测试证明有效，接下来几年他们散布了相当于此次 4 倍的颗粒。

根据该小组的气候模型，在北极散布这种物质可以使那里的平均温度降低 1.5 ℃，减缓全球温度上升，40 年里可以使北极的冰量增加 10%，进而增加冰川的厚度。

　　Ice 911 在尝试保护一种特殊的冰：多年冰。这是北极地区反射性最强的一种冰，可以在整个夏天保持冻结状态。但是最近几年，多年冰在快速融化。通过将这种可漂浮的沙雪覆盖广阔的区域，不仅可以保护冰面，还能防止冰川融化以及随之而来的后果，例如海平面上升。

　　这种材料价格低廉，每平方米的用料只需花费 1 美分。但是北极圈的面积为 280 平方千米，这样算下来该项目的实施成本就高了。尽管 Ice 911 并未计划覆盖整个北极圈，但要覆盖任何较大的区域就得花费数亿美元。

　　反射性的沙雪可以通过船舶或飞机播撒，或通过其他方式铺在地面上。持反对意见的人士担心这些材料可能不如展示的那样无害或环保。评论家认为，人为干扰北极海温可能会改变天气模式，引发难以预料的后果。

　　不过，Ice 911 仍然决心解决北极海冰的融化问题。它有一个 3 年计划：到 2020 年明显减缓全球温度上升。这样看来，他们需要在短期内大面积实施此计划。

冰佛塔

冰川消融不仅造成海平面上升，而且还影响到供水。温度升高会导致更多的冰川融水，在冬季里，这些融水会顺着河流流失。在传统的融化季节，冰川变小了，春季的水量就减少了。冰佛塔（Ice Stupa）项目是一种延缓冰川融化的方法，在农业用水需求较高的时节再将其释放出来。

索纳姆·旺楚克（Sonam Wangchuk），一名生活在拉达克地区的 52 岁的工程师，设计了这个方案。拉达克位于印度北部，临近喜马拉雅山脉。方案的做法是：竖立一个大管道，水在里面从上向下流动，水蒸气从顶部喷出，在冬季的严寒中水冻成冰，逐步形成一个圆锥，上层的冰为下层的冰提供热保护。圆锥形使冰块保持更长时间。当春天"冰佛塔"融化时，它就变成水源，为该地区的乡村提供灌溉用水。

在拉达克，普通的佛塔是用泥浆做成的神圣建筑。旺楚克发明的人造冰川看起来与佛塔形似，像是融化了的巨型蜡烛。建造冰佛塔不需要任何机械，只需要一条管道和若干人力。

旺楚克提议，在沙漠地区建造数十个冰佛塔。"人造冰川"使得在这些地方植树种草成为可能。冰佛塔也可以改变山地景观。

◎冰佛塔工程

参与该项目的研究所计划向学生讲授山区发展与适应气候变化的知识。面对山区的独特问题，需要开发新的科技方案。

2016 年，旺楚克荣获了劳力士公司颁发的企业奖。他发起的这项环保运动，将增加人造冰川的数量。

冰佛塔项目可能无法阻止冰川中冰的消融，但是它可以延缓水流动的时间，改变水的流向，防止冰川融化引发的很多问题。

人类

自然资源

第 12 章

地表之下的水

巴西拥有全球 20% 的淡水资源，是世界上水资源最丰富的国家，但它正遭受着饮用水不足的困扰。这真是一个讽刺。

巴西著名的亚马孙雨林面积大约是整个欧洲面积的一半。定期降雨造就了这里的河流和盆地。雨林饱含水分，养育了整个亚马孙河流域：植被、动物、还有人类，它们都依赖着雨林的丰富物产。木材、牲畜、蔬菜、食用油、香料、药材等，都来自这个物种丰富的生态系统。

这个令人惊叹的生态系统，一个不朽的自然奇迹，覆盖了巴西国土面积的一半。但是，仍有很多人无法便捷地获取雨林中的淡水。能源和农业消耗了最大一部分的淡水资源：巴西近三分之二的能源来自水力发电，灌溉消耗了近四分之三的淡水总量。考虑到气候变化也在加剧淡水短缺，留给巴西人消毒后使用的生活用水就不多了。

尽管巴西按面积算是世界第五大国家，拥有 2 亿人口，而且自然资源丰富，但巴西并不富裕。人均年收入略高于一万五千美元，国债数额巨大，政府上层腐败猖獗。从落后的基础设施到低效的商业系统，问题重重。这使得在这里建设达到全球标准的供水系统成为镜花水月。无论如何，巴西正为此而努力。

从 1990—2017 年，巴西在基础设施项目上投资了近 4000 亿美元。它建立了拉丁美洲最大的国有与民营混合市场，希望培育出更多的私有企业和盈利机会，提供更多就业。供水方面，其总体规划的核心是建立一个庞大的输水系统。这是一个地球工程项目，把水从水资源丰富的地区输送到难以获取水资源的地区。项目一旦完成，昆卡斯水道将成为世界最长的水道，有 483 千米长，它被称为世界第八大奇迹，不亚于埃及金字塔。但是，官僚主义和预算激增使项目经常陷入停顿。最后一次完工期限确定在 2015 年，但一次又一次地推迟了。2019 年，为巴西干旱的东北地区供水的一条运河开始运营，为生活在这里的 70 万人供水。其他隧道分支预计近期内完工。

在昆卡斯水道或其他更大的地下项目完工之前（中国的南水北调水道长度实际上超过了巴西昆卡斯水道的长度），世界最长水道是特拉华水道，位于纽约市地下。

特拉华水道长 137 千米，从特拉华州北部的卡茨基尔山脉出发，向北延伸到纽约市的水渠中。它始建于 1939 年，历时 5 年完工，在当时的技术下速度之快令人难以置信。

这条水道每天从边远乡村的水库向城市水龙头输送约 22.8 亿升的水。通过爆破、打孔、开凿岩石、挖掘地道，一项了不起的工程完成了。

特拉华水道蜿蜒穿行在小镇、道路和河流的下方，最深处在地下 457 米。隧道本身的直径为 4~6 米，并用混凝土衬砌。

但是，就像世界上许多供水系统一样，纽约的供水系统处于年久失修状态，在过去的 25 年中每天漏水量高达约 1.4 亿升。这听起来难以置信，直到你看到各项统计数字无误为止。全球每天损失 450 亿升饮用水，主要原因是漏水。在发展中国家，由于管道和水管状况差，几乎一半的淡水损耗在输送过程中。全球每年这方面蒙受的损失约为 140 亿美元。

世界卫生组织的统计数据显示：全球超过 20 亿人在家中缺乏安全的饮用水，超过 8 亿人根本无法获得淡水。因此水不能也不应被浪费。

面对缺水的未来，纽约市将投资 20 亿美元来升级和修复漏水的水道。维修工作于 2013 年开始，计划在 2022 年完成。这涉及很多钻孔、挖洞、修渠和挖掘工作，但有 21 世纪的技术可用，例如无人驾驶潜艇（技术上讲是"自动水下航行器"）和世界上最大的盾构机"诺拉"（Nora）。命名为 Nora 是为了纪念历史上第一位获得土木工程学位的女士诺拉·史丹顿·布拉

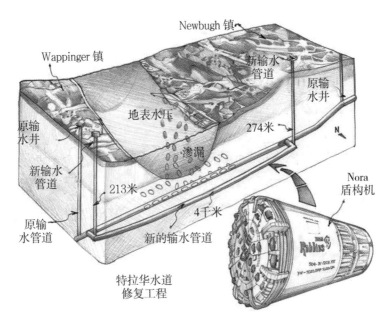

◎世界最长的输水管道

奇·巴尼。

　　修复隧道泄漏时，需要在旧隧道的基础上铺设新隧道。那么在最后完工之前，若水道都得关闭，纽约就缺乏了供水。但有储备水源可以应急，维修工作得以有条不紊地进行。若没有足够的生活用水和商业用水，纽约市很可能会出现暴乱。

　　人类的水利资源开发似乎没有遇到太多困难。

　　巴西的昆卡斯水道项目正在学习如何在维修时做到不断水。这个水道已经开始了全面的维修工作，并且维修报告称有些区段需要重建。巴西平衡发展部部长帕杜亚·安德拉德承认，这并非易事。他之前是巴西水利设施部秘书长,负责圣弗朗西斯科河项目。他说,由于项目的复杂性和规模较大,面临的困难越来越大。

要使项目成功,必须从巴西一条长达 2897 千米的大河——圣弗朗西斯科河中取水,经过新的水道和山区管线将水输送到庞大的运河、渡槽和水库系统中。供水将输送到该国东北部的农村社区,为农业生产和附近的大城市提供淡水。这项需要魄力的项目由巴西总统路易斯·伊纳西奥·卢拉·达席尔瓦负责实施。他出生在缺水的巴西东北地区,是一位铁腕领导人。

巴西东北部是干旱多发的地区。圣弗朗西斯科河始于巴西西南部,经过人工渠道进入北部。这条河流不经过沿海大城市圣保罗,这个城市一度缺水长达 20 多天。新的水道受到东北部城市和农村 1200 万人的欢迎。

所有淡水从水龙头出来之前,都要流经一段距离。从水务原理上看,大多数自来水系统的运行方式相似。河流或水库中的水通过水道进入水处理系统,水在其中被处理以确保卫生可用。水处理通常包括许多步骤:粗滤、凝结、絮凝、沉淀、过滤、消毒以及其他过程。例如,通常添加氟化物以防止蛀牙,有时会用活性炭降低异味,还要添加防止管道生锈的防腐剂。

水处理厂流出的淡水进入储水罐,再通过主管道输送到各个街区。来自住宅和商业建筑的管道连接到主管道,水就可以从水龙头中流出。

在发展中国家，例如巴西，水务工程建设经常迷失在迷宫一样的管网中。没有水务服务，就得走很远去取水。在缺水的地方，人们（通常为女性）平均每天要走 6 千米从池塘、湖泊、水井、溪流等地方取水。你可以体验将 18 千克重的水罐放在头上走一段路，这是全球发展中国家约 2.5 亿人口的日常生活的一部分。

在巴西的许多地方，居民用压井来人力抽取地下水。压井是一种简单的装置：通过打井机械将管子或管道插入地下水层，手工泵安装在管子顶部，靠虹吸原理出水。当然，压井省略了许多水处理步骤，是比较陈旧的取水办法。要向数百万人供水，唯一可靠的方法就是水务工程。大自然通过河流、湖泊、溪流和地下蓄水层不断地进行着水循环。地下蓄水层靠雨、雪、冰融水或河水不断地进行更新。

2018 年人们发现了最大的地下水系统。墨西哥图卢姆有一个 346 千米长的水洞，它连接着世界上最大的水洞——尤卡坦半岛的 Sac Actun 和 Dos Ojos。这一发现使长达 270 千米的 Ox Bel Ha 水洞黯然失色，该水洞也位于尤卡坦州。

特拉华水道和昆卡斯水道项目实质上模仿了这些大自然的供水系统。造出超长的洞穴，成本高昂，并且需要数年的工期。例如，用盾构机 Nora 每周挖掘 5 天，每天 24 小时。项目完成后会有数十亿升的水流经这些隧道。而大自然需要千万年的时间才能形成一个水洞。

当你徒步穿越巴西的亚马孙雨林，几乎不会想起缺水情况。脚下是潮湿的落叶，小溪和河流随处可见，还经常遇到下雨。在齐腰深的水中前进时，相比其他事情，你可能会更关注凯门鳄（当地的一种短吻鳄），这时候你不会想到喝水。

清晨，随处可见薄雾和露水。在这里，水汽无处不在，只需砍断树上的一根藤蔓，就可以喝到水。在森林的洼地中，可能有一个水坑。有些溪流流速很快，涓涓细流绵延不绝。在地球上任何其他地方取水都没有这里便捷。

在地球上某些地方取水，却成为人道主义问题。一些国家甚至不得不改造油轮来进口水。在另一些国家，则通过挖井来获得水。在美国大平原中，农民钻探了数百米挖掘到奥加拉拉含水层以获取生活用水，这个蓄水层是世界上最大的地下淡水源之一。但是，据地质学家估计，这个水层正在枯竭。

因此，开挖大型隧道确实是从其他地方获取淡水而无需付出巨大能源成本的唯一方法。例如，加州最大的能源消耗用在了输送淡水上，占州政府电力预算的 20%，这还没包括使用天然气和柴油（交通工具）运送水的花费。

水的供应、处理、分配和回收都需要电力。泵、水处理机械和电动机需要电力，车辆需要石油能源。水道显然不需要持续消耗电力来输送水。实际上，像昆卡斯这样比较先进的供水系统还会产生电力。

我们通常将大坝与水力发电联系起来。但是水坝不过是大型的人造分流器，一般在大型水利项目中配套使用，例如昆卡斯水道和特拉华水道。

公元前 20 世纪古埃及人就修建过水坝。从那时开始人类经历了很长一段时间的摸索。这些水坝都属于重力水坝，用砖砌成，唯一的功能是阻水。如今的筑坝技术可以实现水力发电、防洪、根据天气条件和需求自动蓄放水的功能。

常见水坝至少有 12 种类型：拱形水坝、支撑水坝、库房水坝、引水水坝、路堤水坝、重力水坝、水力水坝、工业垃圾水坝、石头水坝、溢流水坝、湾后水坝、堤防。全世界有成千上万个水坝，它们大小各不相同。其中 57 000 座大坝高于四层楼，我们经常在电视或电影中会看到这样的大坝：巨大的拱坝，例如内华达州的胡佛水坝，或瑞士的孔特拉水坝（电影《007·黄金眼》中著名场景）。世界上最大的水坝是中国的三峡大坝。它庞大的结构蓄积着长江中上游的水，长江是亚洲最长的河流。

三峡大坝高约 183 米，长 2.3 千米，宽 40 米。它拦出了一个超过 644 千米长的蓄水湖，是建造之前的天然河道的两倍宽。大坝从 1994 年开始建造，于 2003 年投入运营，它的发电量超过世界上任何其他发电厂，为数百万个家庭提供电力服务。一些报道说，仅此一个电站就可以满足中国能源需求的 10%。

通过建造水坝，人类在改造自然方面取得了巨大飞跃。当然也会带来一些后果：濒危物种灭绝、森林和农业用地流失、洪水、水土流失、土地肥力下降、支流减少、溶氧含量降低。

大坝使生态系统趋于崩溃。

因此，成千上万的环境、人权和活动家团体组织了"国际反坝运动"。他们希望停止修建大坝。当中最著名的成员之一是户外服装公司 Patagonia 的创始人、亿万富翁 Yvon Chouinard。"事实上水坝影响非常恶劣，其破坏性带来的经济损失远远超过收益。尤其是现在，大坝产生的电力可以从不破坏河流、不破坏栖息地、不使人们流离失所的其他来源更有效地获得。如果这些误导人的项目不被阻止，那么将给当地生态环境和社区带来毁灭性的破坏。"他在 2018 年 4 月 9 日 Patagonia 网站博客文章里写道。

批评人士说，由于气候变化和过度消费，昆卡斯水道工程将耗尽圣弗朗西斯科河，目前河水流量明显减少，原本依赖这条河的人口将深受影响。他们担心，如果建坝和分流工程继续进行，河流将完全干涸。但是为了经济增长，为了需要淡水的干旱地区，工程很难停工。巴西政府部长帕达·安德拉德同时也是工程师，他声称转移的是水而不是河流本身。"没有改道河流，河的自然流域没变，只是整合现有流域。"这让人感觉是在玩文字游戏。当年美国对密西西比河进行改道之前，曾阻断了它的自然流向，改道使其流到人类规划的方向。这造成了很多后果，包括大规模的洪水。在圣弗朗西斯科河，即使河流没有改道到新的方向，但由于水的分流，下游水流肯定会减少。

20 世纪 20 年代后期，纽约市水务部门决定采用一项宏大工程来养活不断增长的人口。它从周围地区汲取了尽可能多的水，从韦斯特切斯特县的克罗顿河引水，并将其输送到曼哈顿和各行政区，但仍然不够。根据当时该州档案的记录，官员们经过仔细分析后认为，距曼哈顿以北仅几个小时路程的卡茨基尔山的分水岭将提供最可靠的水源。问题在于，卡茨基尔分水岭同时为新泽西州提供淡水。两地的官司打到美国最高法院，判决允许纽约州在那里取水。引水工程 10 年后开始建设。近百年来，这里的水道一直保持着世界上最长人造隧道的称号，这是一个市政工程奇迹。

2001 年，对世界贸易中心的恐怖袭击给供水系统提供了升级契机，当时人们担心供水会遭到破坏。例如，进入 Rondout 水库的通道开始受到限制，并安装了摄像机，整个水库是水道的主要取水点。但是，人们可以进入阿肖肯水库。这是卡茨基尔山的姐妹保护区，也为纽约市提供着淡水。它依靠更多隐蔽的安保手段来确保水质安全。

在明亮的秋日里，站在岸边望着整个盆地，你很难想像这里森林外围人工种植了 300 万棵大树，用以保持水土并保持分水岭的生态。你很难猜到水库堰桥下面有钢制闸门，可以将闸门下降 55 米以锁定水位，避免沉积物流动，同时不需要任何警察、工程团队或报警设备来监视水面。水务专家、官员和外国要人经常来参观拜访，以了解纽约市如何维护洁净的水源。

纽约市的用水没有经过过滤。它是美国 5 个向居民提供未经过滤的饮用水的大城市之一。纽约市环保局公共事务总监亚当·博世在早晨远足后，指着远处的一座山峰斯莱德山说，纽约市的供水之旅始于那里。斯莱德山高达 1281 米，是卡茨基尔山脉的最高点。

博世虽然只有 30 多岁，但是他知晓供水系统数百年历史的各种细节和事实。他深入浅出地讲解着供水工程，并穿插着有趣的故事或花絮。例如，过去工人爆破隧道时照样在山洞中吸烟喝酒，炸药也储存在山洞里；火车经过该地区的桥梁时要锁住厕所，以确保没有污秽落入水库；然后还有"耳语熊卡尔"的故事。市政当局经常用"耳语熊"来教育附近哈西德社区的居民，让他们改变乱扔垃圾的陋习并学会废品回收，以帮助保持水质。

有项特别引人入胜的科学小实验可以展示如何使用蓝鳃太阳鱼来测试水质。如果鱼表现出异常行为，则表明有水污染。与最先进的水质测试仪器相比，鱼类对水质污染非常敏感。有一次，他们通过鱼发现了很小的燃油泄漏，小到实验室仪器都无法测出。

博世讲述的故事，与通过科技将淡水输送到 160 多千米之外的纽约市一样有趣。在斯莱德峰的山顶，融水和雨水顺着数千英尺落差的山坡一直流到海拔 180 米的阿肖肯水库。从那里开始，水继续向下游流动，借助重力流经阿尔斯特县，进入特拉华渡槽。在纽堡镇南部，水流经哈德逊河河床下面，并在帕特南县涌出，在那里通过管道、引水桥进入巴豆水库，这里海拔 60 米。显然，工程师最大程度地利用了水源地和阿肖肯水库之间 122 米的落差，以保持水的流动。接下来，水穿过韦斯特切斯特县和布朗克斯，最终抵达曼哈顿。这里一些地方海拔仅有 4.6 米，自来水迅速地在水龙头中流淌、冲出。

整个自来水路线巧妙地利用了重力，并展示了大自然的清洁力量。即使在纽约市最边远的地方，水也有足够的能量到达那里，送到四楼或五楼高度。这就是为什么纽约市有如此多的四层步梯公寓的原因。100 年前，不需要人工加压，水就能很好地服务于各个公寓。

在水一路下降的过程中，通往阿肖肯水库的水必须流经陡峭的高原和农村地区。一路上最大的障碍是哈得逊河，在该河河床之下它要穿过 300 多米深的地下隧道。

现在，巴西的昆卡斯水道面临着更为严峻的交通挑战。它需要穿越不蓄水的土层，这意味着土壤的反应不同，可能会塌陷。它还得穿过山丘，需要架桥和挖隧道予以支持。它必须在地上和地下穿行，因此需要不同的工程设施。而且必须考虑到建筑的寿命，这意味着如果隧道要持续几个世纪，建筑材料和工程质量必须维持最高标准。但并非总能做到这一点。如前所述，部分区段已经重建，工期延迟导致了不少塌方。

与所有的地下挖掘工程一样，安德拉德部长一开始就从多方面对项目进行了监管。他说，尽管在施工之前进行了测试和建模，但一旦地面开裂，每个挖掘机的仪表都可以立马测到。他说，"这种大型施工的复杂性"减慢了挖掘速度。

巴西昆卡斯隧道的第一个泵站位于偏远的卡布鲁博镇。在这里，圣弗朗西斯科河变成大水库，截留了北部塞阿拉州、帕拉伊巴州、北里奥格兰德州和伯南布哥州的淡水。

隧道的第一部区段从伯南布哥州的卡布鲁博镇到 9 千米外的水库。它穿过灌木丛和泥土，顺着路堤和道路前进。隧道的其他区段将建成渡槽或运河，将水输送到东北部几个气候干燥的州。

负责隧道建设和管理的政府发言人杰奎琳·罗查称，尽管有负面报道，但事情仍在朝着完工的方向发展，工程多花费了 10 多年时间。

纽约的特拉华水道用了不到一半的时间完成，成为世界一流工程的典范。它证明了行胜于言的道理。当年隧道工人和管理人员一致认为，他们正在完成一项改变历史的公共工程，质量一定要经受住时间的考验。他们抒写了与工程相关的诗，并将繁复精美的设计蚀刻到隧道舱口、大门和闸口等地方。他们把它变成一座真正的纪念碑。

站在哈德逊河的新泽西州一侧，眺望曼哈顿的天际线，人们会看到参差不齐的高楼，在黄昏时勾勒出一个粗犷的剪影。很难想到地下有通向对岸的河底隧道。在这个地下虚拟城市里，位于地下 183 米的工人每天都在维护着渡槽，现在正准备蓄水，进行有史以来的第一次关闭。

这些技术让人类的现代定居生活成为可能。但换个视角看这个城市就会发现，成千上万的人不应该拥挤在一个小岛上生活。

居住在城市的人将越来越多，这意味着原本水资源不足的地方将更加缺水。这需要开辟新的水源，可能距离更远。但是，更多的城市居民并不意味着现有的人口中心将成为唯一中心。新的大都会正在形成中，这些新的城市需要新的供水思路。

在亚洲，正在规划配备了大型供水系统的新城市。在巴西等国家，新的水道意味着传统贸易和商业中心的转变，地理地图和政治地图不得不重新绘制。

历史上，人们在水源地附近建造城市，科技创新改变了这个观念。

将来，河流将满足我们的需求。一个改造过的地下世界可能会成为看不见的自来水厂，地下的输水管道将水输送给大众。下文可以解释城市如何运作水资源，以及在水变得稀缺的地方如何获得水。

加州水修复

加州的供水系统已经老化，经常出现故障，供水效率低下。现今，人们正在利用最先进的技术进行为期几年的大修。

2500 万人依靠加州的供水系统生活，政府官员承认这是不可持续的。已经有 50 年历史的水渠容易受到地震、洪水和海平面上升的影响。巨大水泵排出的水进入海洋后危害了海洋生物。由于排水不畅和管理不善，浪费了大量淡水。

世界其他地方的供水系统也处于失修状态。为了维护供水设施满足于不断增长的世界人口，估计 2018—2030 年间，每年需要 4490 亿美元的维修资金。除这笔花费外，升级淡水系统的问题常常难以达成共识。

例如，加州萨克拉门托－圣华金三角洲是一个生态敏感区。若干扰这里的自然河流会对当地鱼类和湿地生态系统构成很大威胁。环保主义者会阻止任何工程项目在这里施工。但是如果不更新供水系统，那么居民生活和产业用水将越来越不足。这种情况在全球普遍存在。

加州 WaterFix 项目是一个造价 150 亿美元、使用先进科技和管理方法来改进供水系统的项目。该项目经历了广泛的分析、审查和公众意见征询，工程师、科学家、水务专家、企业和环保组织都参与了进来，对多种方案进行了对比。

该项目将在地下铺设两条 12 米宽、48 千米长的隧道，以便水可以在三角洲下流动而不是通过三角洲。萨克拉曼多河的 3 个新进水口将依靠重力使水流过管道。不用水泵等机械将减少对濒危鱼类的危害。但这么设计会减慢工程进度，光是隧道就需要挖 11 年。

一旦工程完工，1.2 万平方千米的农田将有充足的灌溉用水，千百家商户和数百万人将获得有安全保障的淡水。

但是，WaterFix 项目在 2019 年被叫停，成为了政治牺牲品。取消 WaterFix 的最大受益者或许是人类，而不是鱼类。

这类工程干预了大自然的淡水分布，人为扭曲了全世界的水循环系统。人类最终还得修复这些乱麻。不管环保主义者喜欢与否，人类都得面对乱局。

WaterFix 项目是人类工程的一个很好的例证。加州的教训是，并不是每一个创想都会被采用，即使它是好意的。

中国"藏水入疆"设想

中国正计划开凿一条世界上最长的隧道，把水输送到地球上最严苛、最干旱的地区。966 千米长的水道将把急需的淡水从喜马拉雅山脉的河流中输送到中国西北部的塔克拉玛干沙漠。

据报道，100 多名科学家正在研究该项目，项目目标是每年输送 150 亿吨水，使沙漠变绿洲。这些水量相当于黄河水量的 25%，是非常大的数字。项目的预期目标是在 10 年内完成隧道建设部分。

有了稳定的灌溉水源，塔克拉玛干沙漠可能会变成一个强大的农业区，与今天的荒凉形成鲜明对比。

据称，这项超级工程每英里（1 英里 ≈ 1.6 千米）耗资约 1900 万美元。由于采用了先进的工程技术，因此隧道可以轻松地通过断层带。隧道一路降低数千英尺，在陡峭的山间峡谷中蜿蜒前进，最终到达沙漠。水流的落差将使水从一个隧道区段流到另一个隧道区段。大型混凝土管道必须用柔性材料悬挂和连接。需要维持足够的打孔、清理和运输能力，才能保证该项目顺利进行。目前考虑到海拔高度和水流落差，工程还无法实现。

长期以来，西藏的雅鲁藏布江一直被视为中国的"水塔"。数百年中出现了很多开发利用它的计划。每年成千上万吨的水资源顺流而下，还未得到合理开发。如今，技术创新、计算机建模和新的工程设备使隧道引流变得可能或可行。目前所有计划仍处于规划阶段。

喜马拉雅山脉和季风降雨带来的降水汇入雅鲁藏布江，同时为很多其他河流和支流提供了水源，包括印度的恒河。这里的引水工程，地质挑战也较多。引水隧道把一个像德国面积一样大的沙漠区域变成一个可以开发和居住的肥沃山谷。

为了证明这条隧道的可行性，中国正在云南省修建一条很长的水道。水道终点也是一个干旱地区，水将从高原上引下来。

为了支持政府雄心勃勃的经济增长计划，全国各地开展了数百个大型水利工程。各地政府通过水利工程重新打造地理区位优势，期待利用更高的生产效率取得更大的经济效益。

对塔克拉玛干沙漠进行引水改造将是一项壮举。隧道工程是一方面，改造中国最大的沙漠塔克拉玛干（世界最大的"沙海"）是另一方面。将如此广阔的沙地转化为可耕种的良田，将会改变大自然的生态限制，当然也可能因改变无效而失败。

第13章

肉用牲畜

地球上有 77 亿人口。总的来说，饥饿人口大多
分布在撒哈拉以南的非洲：埃塞俄比亚、索马里、
厄立特里亚、吉布提、肯尼亚、苏丹、乌干达等国
家。该地区被称为非洲之角，是非洲大陆东北角的尖角部分，
范围从也门到亚丁湾，人口达 1.6 亿人。

当然，粮食安全因地点和时间而异，在非洲之角以外也是
如此。一年期的干旱就会导致大饥荒，就像 2017 年南苏丹发生
的那样。一年的洪灾也会使收成和粮食储备锐减，就像 2015 年
的马拉维。

同样，在不同国家中战争冲突也可能使许多人失去温饱。
2015 年也门内战造成了当地严重的粮食危机。1700 万也门人陷
入严重的人道主义危机而深受饥饿影响，那里每 10 分钟就有 1

名 5 岁以下的儿童死亡。平均而言，在过去的几十年中，非洲之角遭受营养不良的痛苦比其他任何地方都多。哥伦比亚大学地球研究所所长、著名经济学家杰弗里·萨克斯称也门这个 188 万平方千米的国家为世界上最脆弱的地区。

即使在像埃塞俄比亚首都亚的斯亚贝巴这样的大城市，设有联合国代表处和众多国际机构，拥有不少现代化的设施和先进的通信设施，但仍然有很多人经受饥饿。在更远的农村社区，情况更加糟糕。自给自足的农业文化靠种地为食，而土地往往靠不住。埃塞俄比亚经历的极端天气破坏了农业收成，使得那里的人口陷入饥荒。

虽然这一地区的饥饿率很高，不过相比以前有所改善。2000 年，埃塞俄比亚的儿童营养不良率为 58%。6 年后，这一数字大幅下降到 38%。2000 年以来，全球饥饿率总体在下降。国际粮食政策研究所每年发布的全球饥饿指数显示，从 2000 年到 2018 年，世界饥饿水平下降了近 1/3。

农业技术、科技教育、政府政策、移动通信技术的进步，以及对小农的投资使人们摆脱了饥饿的境地。尽管如此，全世界每天仍有近 10 亿人饿着肚子入睡。联合国承诺到 2030 年敦促全球各国消除饥饿，这是一个崇高的目标。有人说很难实现。但是如上所述，多年来已经取得了很大进展。从 1990 年到 2015 年总共 25 年的时间里，发展中国家的营养不良人口总数减少了一半。在这期间，生活在极端贫困线以下的人口也减少了，他们每天的生活费不足 1.25 美元。

但是，对于每个饥饿的人来说，GDP 数字和全球趋势并没有带来实质安慰。在埃塞俄比亚农村，一个到处是虱子的小屋里住了一大家子人。火炉冒着炊烟，谷物被捣碎制成英杰拉（一种具有海绵质地的饼）。一个简陋的小花园种着一些蔬菜。瘦弱的家禽比钢笔稍长，是重要的蛋白质来源。有时候需要从户外集市购买食物，不过那里的物资也很匮乏。下雨了，尘土变成泥浆，无法指望通过崎岖山路运输东西，食物供给难以为继。

气候变化导致道路和交通网络的快速退化。在非洲东北部，从寒冷的高原到酷热的沙漠都可以感受到这种变化。阿法尔地区有一座活火山，那里的地表温度很高，鞋底都可能融化。酷热使这里的土地寸草不生。这里的地质情况复杂，通常很恶劣，影响到了这里居民的生存。来自世界各地的许多非政府组织试图帮助人们改善生活。

世界宣明会（World Vision）的援助者在力所能及的情况下提供着粮食援助，该慈善组织在该地区建立了广泛的扶贫网络。他们的使命感很强，在饥饿猖獗的沙漠地区给予食物援助。像宣传的那样，他们去实地考察贫困家庭，也引导游客要关注这里居民的困境。但是埃塞俄比亚 270 万人严重缺乏粮食，他们能做的非常有限，有太多需要帮助的人。

世界宣明会在一份报告中指出，"总体上最大的粮食安全问题仍在撒哈拉以南的非洲地区。"报告指出，该地区 1/4 的人口缺乏足够的食物。

局势看着很悲惨，但谈不上失败。导致饥饿的因素很多。世界粮食计划署是联合国的一个分支机构，致力于协调各国进行粮食援助和改善营养，该机构总结了造成饥饿的 6 大原因：

1. 贫困。生活在贫困中的人们无法为自己和家人提供足够的食物。这使他们身心俱疲，挣不了太多钱，因此就很难摆脱贫困和饥饿。

2. 缺乏对农业的投资。很多发展中国家缺乏交通、仓库和灌溉系统来帮助国民克服饥饿。没有这些关键的基础设施，将面临高昂的运输成本，缺乏存储设施和便捷的供水系统。所有这些限制了农民的收成及其家庭获得食物的机会。

3. 战争与流离失所。战争或冲突扰乱了农业和粮食生产。战争还迫使数百万人逃离家园，导致大面积饥荒，流离失所者无法养活自己。

4. 市场不稳定。过山车般的食品价格使最贫穷的人群很难持续地获得食品，但每个家庭全年都需要获得充足的食物。另一方面，价格上涨可能会使食物无法即时买到，这可能给幼童造成持久的健康影响。

5. 食物浪费。全球生产的所有粮食中有 1/3（13 亿吨）从未进入消费环节。在一个全球 1/8 人口处于饥饿状态的世界里，这种大规模的粮食浪费原本可以成为改善全球粮食安全的机会。

6. 气候的影响。这是造成饥饿的第 6 个原因。粮食计划署称其为"饥饿风险乘数"。根据美国国家科学院发布的科学论文，气候变化将极大地增加全球范围粮食危机和营养不良的风险。灌溉用水不足及更高的臭氧水平，将导致粮食减产以及天气恶化等后果。监测世界粮食供应的联合国粮农组织预测，到 2050 年全球人口估计达到 90 亿，粮食需求将增长 60%。联合国粮食及农业组织说："如果现在解决不当，那么争夺土地、淡水和食物可能导致更大范围的贫困和饥饿，对生态环境造成严重影响。"

这意味着新千年以来的人类进步将被抹去，发展水平回到过去的时代。这种现象并非发展中国家所独有。在美国，每天有 4000 万人面临饥饿。

活动家们在全球范围内调配着食物以消灭饥饿。沃伦·巴菲特的儿子霍华德致力于消除美国的饥饿。他认为气候变化将给食品行业带来很多挑战。"这是一个不容忽视的问题。"他在 2016 年 5 月《大西洋》杂志的一次采访中说。他讨论了气候变化如何导致天气更加极端，从而损害了农业生产。解决方案是通过改善耕作方式来增加农作物产量。他为这个事业投入了数亿美元。显然，他有能力承担这项事业。据报道，他的父亲为此提供了超过 40 亿美元的信托基金。

正如我们在第六章中看到的那样，土壤工程的进步可以带来新的前景、新的耕作方式，就像霍华德所倡导的一样。但是，更多的人口+更少的耕地＝全球粮食短缺。面对这个苛刻的方程，没有太好的解决方案。再高的单产或农民尽其所能也无法改变这个方程。那么如果我们重新设计食品会怎么样？

第一个经过基因改造的生物出现在 1973 年。这种改造的原理是把一种细菌的基因切割下来，然后将其插入到另一个细菌中。一年后，科学家使用类似的技术来改变小鼠的基因。两种情况都涉及让生物体获得更多的优势。制药公司随后开始尝试研发其他性状的基因工程。但是直到 1992 年，第一种转基因食品才被批准上市。

佳味西红柿（Flavr Savr）是第一个被批准供人类食用的转基因食品。它的基因被修改后，保质期更长，也更结实。此后其他抗病虫害的农作物也被培育出来。一些最常见的转基因作物有大豆、玉米、甜菜等。转基因粮食可以作为牲畜的饲料，一般这些牲畜的基因没有进行转基因操作。

与合成饲料和注射生长激素相比，遗传操作对牲畜的改变程度较大。改变遗传密码意味着改变了有机体的基因组，并产生相应的性状——抗病、高产等。

2009 年，美国食品药品监督管理局（FDA）批准用转基因山羊乳汁来生产药物。这是转基因动物产品首次被批准可以用于人类，尽管是通过一种间接方式。

所有这些前期进展，为第一种可食用的基因工程动物奠定了基础。转基因鲑鱼 EO-1 Alpha，曾在纽芬兰纪念大学的实验室里研制出来。

20 世纪 80 年代后期，研究人员在研究北极鱼类的抗冻蛋白时发现：将生长激素基因插入大西洋鲑鱼的基因组中，其生长速度提高了一倍。

"基本上需要注射数千个鱼卵，注射后还要等卵孵出、长大。这种情况下，鱼有大有小，你会看到一些鱼由于转入了基因会生产出更多蛋白质（长得更大）"。AquaBounty 的首席技术官罗纳德·斯托提西解释了 EO-1 Alpha 的技术原理。他为此鱼的 DNA 序列申请了专利，在美国也获得了专利授权。

EO-1 Alpha 只是转基因鱼的一种尝试。

一开始研究人员对鱼类生长没有特别的兴趣，毕竟他们原本打算找出鲑鱼是如何抵御寒冷的。因此，加速生长的鱼并没有给他们带来太多兴奋。对于企业家埃利奥特·恩蒂斯而言，确实如此。他与鲑鱼项目的两位主要科学家进行了会谈，科学家向他提出了使养殖鱼类在冰冷的水中保持长寿的想法。在会谈结束前，他们向恩蒂斯展示了经过基因改造的两条鱼的照片，一条明显大于另一条。他们解释了 EO-1 Alpha 的情况：在 8 个月内，鲑鱼的体重长到了 5 千克。通常，鲑鱼需要 36 个月或更长时间才能长这么大。恩蒂斯思索着他或许可以做点啥。他很快就围绕开发转基因鲑鱼建立了一项业务：该转基因鲑鱼所需的饲料、能源和运输成本更少，并且相同时间内的生长量是自然条件下的两倍。这意味着鱼肉的柜台价格更便宜，是普通大西洋鲑鱼平均零售价的 1/5 或 1/6。

这迎合了很早就出现的业界诉求：为大众提供一种可靠的鱼肉产品。世界 2/3 的鱼类资源正处于或即将耗竭的状态，转基因鱼可以改善这一局面，AquaBounty 公司认同这一说法。但是可以预料，在社会上转基因食品面临了很多障碍和反对声。

第一种转基因鱼实际上是在 1984 年的中国研发出来的。根据中国科学院水生生物研究所的记载，朱作言研究员把一种调节人类生长的基因注射到 3000 粒金鱼卵中。在此基础上，建立了鱼类基因工程的理论模型和实验系统。从那时开始，在鲤科鱼类和其他鱼类身上的实验就越来越多了。但朱作言等人的研究不是为了开发转基因食品，这些只是科学实验，鱼被当作研究对象而已。这就是为什么 EO-1 Alpha 变得重要的原因。这条转基因鲑鱼在 1992 年去世，但它的 DNA 样本仍然保留着。

野生鲑鱼需要游到河流上游产卵。雄性首先到达产卵场，在那里争夺最佳位置：不能太浅，也不能太深，有适量的砾石。然后雌性到达。它们用尾巴在河底挖出一些小坑，称为产卵床。雄性会争夺与雌性交配的机会。当它们交尾后，会悬停在产卵床上，雌鱼开始产卵，而旁边的雄鱼释放出含有精子的鱼白，当卵和精子混合时，受精就开始了。

鲑鱼中的雌鱼产下成千上万个卵后，（多数雌鱼都死掉了）只有少数雌鱼能够持续多天不断产卵。在这几天雌鱼在雄鱼的相伴下，把卵产在数个卵床中。另一方面，雄性可以先后陪伴着多个雌鱼，让它们的卵受精。但是，如果是太平洋鲑鱼，无论雌雄面临同样的命运-产卵或排精后死亡。繁殖后的太平洋鲑鱼的尸体被冲到河流下游，然后被熊和其他动物取食。而大西洋鲑鱼在产卵后可以存活多年，每年可以返回相同的产卵场继续繁殖。

整个产卵过程是大自然的杰作。AquaBounty 的基因工程操作却大不相同：实验人员用手挤出鱼卵和精液，然后在容器中混合。鱼类育种可以做性别选择，例如仅挑出雌性继续养殖。这可以很好地控制生产配额。精液可以预先进行基因工程改良。分批挑选的年轻雌鱼给予睾酮处理。这样一来，它们在性成熟后可以排精，但染色体一直严格地保持雌性。为了保证转基因鱼即使逃逸野外也不能自然繁殖，会用处理过的精子或卵子进行受精，这样孵出的鱼苗性成熟后无法自然生育。一般鱼苗孵出后先放到托盘中，然后被放到养殖设施中。

印第安纳州奥尔巴尼镇有一个转基因鲑鱼养殖场。在这里，AquaBounty 公司计划扩繁大量鲑鱼供人们食用。奥尔巴尼农业发达，距缅因州野生大西洋鲑鱼产卵场超过 1770 千米，这样的距离可以保持品种的纯净并防止转基因鱼逃逸，没有地方比这里更适合养殖鲑鱼了。

这个养殖场占地 17.4 万平方米，鲑鱼鱼卵也在这里孵化。从卡车上卸下来的带有鱼卵的托盘，被整齐地放置在架子上。大概有 10 万颗卵在这里孵化，42 天后小鱼将孵出并开始游动。

这时候鱼苗被放入育苗圃：这是一个巨大的开放空间，里面有成排的圆形大鱼缸。上方有钢制通道与人行道相连，穿工作服和胶靴的工人在上边可以看到养殖设备的运转情况。育苗圃内灯光昏暗，有通风设备、进水管道和放水的软管，地面经过混凝土硬化处理。每个鱼缸将放置 2 万条鱼，鱼按大小进行划分和放置，以更好地分批喂食，这里每天消耗 4 吨饲料。养殖用水用紫外线和臭氧做消毒处理，用生物过滤器除去废水中的氨。为了避免混淆，鱼通过特制的管道在两个不同鱼缸或区域之间转移。一旦养殖到商品规格，它们就会被传送到加工间。在那里，传送带上的鱼先被击昏，然后被切掉鳃放血。处理好的鲑鱼放在冰中装箱，再用卡车进行冷链运输。这个养殖场配套的加工设施每年可以加工 1200 吨鲑鱼。这不是一个小数目。AquaBounty 在巴拿马和爱德华王子岛也有养殖场。

在撰写本书时，只有加拿大批准了转基因鲑鱼的销售。前些年当 USDA 和 FDA 批准使用转基因鱼时，阿拉斯加的参议员丽萨·默科夫斯基通过提案说服美国政府禁止 AquaBounty 在美国销售转基因鲑鱼。

"由于我在国会 2018 财年的综合法案中提议写入'禁止进口转基因鲑鱼（包括卵）'的条款，尽管 AquaBounty 一再努力争取，AquaBounty 将无法在印第安纳州的养殖场中养殖或销售转基因鲑鱼。但是，与'转基因鱼'的斗争尚未结束。"参议员默科夫斯基在准备好的一份声明中说，"即使要进入美国市场，我将继续努力让该产品打上转基因食品标识，并对其进行适当的监管。"

2016年，美国曾通过一项法案，要求对转基因食品进行标识。但是这项法案的具体要求不统一或不明确，很容易回避。比如，披露转基因信息的时候你可以标识成条形码，那么消费者必须扫描条码后才能了解它是否有转基因成分。

默科夫斯基只是 AquaBounty 的反对者之一。2008年恩蒂斯辞职后，斯托蒂什被任命为 AquaBounty 的首席执行官。他回忆起一场关于转基因食品的公开听证会，反对转基因的团体蜂拥而至，吵翻了天。"这些团体包括食品安全中心、食品和水资源观察中心、大洋洲、地球之友、地球正义等，他们声称：'如果你吃了转基因鱼，就会得癌症。如果你吃了转基因鱼，你的孩子将会死亡。如果转基因鱼得到上市批准，世界末日就来了。世界各地的所有鲑鱼种类都将灭绝。'这种反对转基因的场景越来越多。"

大量研究表明，没有证据证明食用 AquaBounty 的转基因鲑鱼会带来健康风险。否则，FDA 和 USDA 也不会批准这种鱼上市售卖。但是与所有其他基因工程技术一样，人们依然担心基因操作会产生有突变的怪物。

大约40%的美国人认为，转基因食品比其他食品对人体健康的危害要大。这个人群比例挺大的。不过，据皮尤研究中心的一项调查，大多数美国人认为转基因食品与普通食物相同或更好（48%认为没有区别，10%是支持转基因食品）。

在欧洲，欧盟法规要求对转基因食品必须进行标识。2018年3月，欧盟委员会更新了食品生产指南，要求对食品进行严格的环境风险评估。相比美国人，欧洲人不喜欢转基因食品，一些人将转基因食品称为"怪物食品"。日本对转基因食品也有严格的标准。中国与世界其他国家一样，也在收紧标准。各国转基因食品的标识正在逐步完善。

斯托蒂什认为这很不公平。他说，野生鱼类可能含有寄生虫和毒素，那么"野生捕捞的鱼是否就该贴上'此产品含有寄生虫'的标签呢"？

斯托蒂什是一位能言善辩的演讲者，一位风度翩翩的主管，留着白色短须。他穿着板正的蓝色格纹衬衫、休闲裤和便鞋，坐在奥尔巴尼镇养殖场的办公室里。他谈到了美国混乱的食品安全法规以及政治如何影响食品工业。他说："这是美国政治的漏洞：让政治干预科学，由政府管理部门来决定转基因食品的规范，而现在一名议员纯粹出于经济原因，歇斯底里地、毫无根据地为反对而反对（转基因食品）。"

斯托蒂什应该是一位知识渊博、权威可信的人。之前他曾从事科学研究，对把基因工程成果带给大众这一事业充满热情。"您可能已经看到 FDA 批准用 CRISPR 技术来治疗先天失明的患者。人们完全认可了这项技术，当你谈论这方面的应用时，人们会热情洋溢地称赞它，认为这个技术很棒。但当你与人们谈论安全高效的转基因食品时，他们就吓坏了。这是科学传播与教育的问题。但是，如果我们要想满足人口激增之后的食品需求，就必须通过交流达成共识，接受转基因食品。"他说。

CRISPR 指的是能够用来进行基因编辑"规律间隔成簇短回文重复序列"。从应用意义上讲，最终要实现对人类基因的编辑。CRISPR 技术可以靶向特定的基因序列，从遗传上纠正突变或治疗遗传病。

CRISPR 也有一些质疑之声。伦理学家认为基因编辑可能会走得太远，他们呼吁限制 CRISPR 技术的使用范围。另外一些人声称，基因编辑会放大对一些疾病的污名化，并带来可怕的优生学做法。但是与遭到激烈反对的转基因食品相比，CRISPR 技术反而显得顺风顺水了。

位于华盛顿特区的非营利组织"食品和水资源观察中心"表示，他们为了捍卫健康的食品和清洁的饮用水而对抗将利润置于公民之上的公司。它在与 AquaBounty 公司的斗争中大声疾呼，将转基因鲑鱼养殖比喻成"失败版的侏罗纪公园"。

华盛顿特区的另一个非营利组织"食品安全中心"的使命是，通过推动有机农业和可持续农业来遏制有害的食品生产技术。草根环保组织"地球之友"认为，转基因鲑鱼对环境的影响是无法扭转的。

科研人员在很大程度上并不认同上述说法。普通人最大的担忧是，转基因鲑鱼在防控技术不成熟的条件下若逃逸到野外，与野生鲑鱼繁殖，将破坏整个海洋生态系统。但这个问题已经解决。

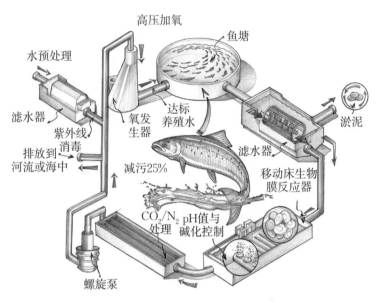

高压加氧
鱼塘
水预处理
滤水器
紫外线消毒
排放到河流或海中
氧发生器
达标养殖水
减污25%
CO_2/N_2 处理
pH值与碱化控制
螺旋泵
淤泥
滤水器
移动床生物膜反应器

◎AquaBounty 公司的转基因鲑鱼养殖体系

　　美国普度大学在受控环境中进行的实验表明，将转基因鲑鱼引入野生种群后，体型较大的转基因鲑鱼占据主导地位，有更多的繁殖机会；但杂交降低了后代的生存能力，几代之后，整个种群就会灭绝。

　　AquaBounty 公司的转基因鲑鱼发生这种情况的可能性很小。正如斯托蒂什所说，"我们在内陆养殖"，而且所有的转基因鲑鱼都是雌性，并且有许多安保检查。在印第安纳养殖场中，即使从一个房间走到另一个房间，也需要登记刷卡，启动安检和其他检查。当然，其他养殖场也许做不到这么严格或谨慎，很难去一一评估各养殖场的养殖条件。

事实是，无论后果如何，转基因食品最终都会走向我们的餐桌，或者最终出现在那些饥不择食的人的餐桌上。上帝视角的改变、生命形态的道德之问，将不得不让位于"饥饿会带来更多的生命死亡"。随着人口持续增长，解决方案会越来越清晰：选择转基因食品或选择大饥荒。

《超世纪谍杀案》

转基因技术旨在为全球人口生产更多食品，即通过改造动植物的基因来提高产量。另一种方式是寻找替代食品。

"Soylent Green 就是人肉"，这是 1973 年科幻电影《超世纪谍杀案》中的著名台词。电影主角由查尔顿·赫斯顿扮演。具体情节是：一个人口爆炸的地方正遭受着全球变暖（当时称温室效应）的影响而粮食不足，食物采取配给制，每天给人发几个满足所有营养需求的大药丸，该药被称为 Soylent Green。最后，大家发现大药丸是人肉做的。

今天，Soylent 是一家现实中存在的食品公司，生产粉末状的"食品"。该公司称，这种粉末含有人类赖以生存的所有蛋白

质和其他营养物质。这个名称富有深意，来自哈里·哈里森
（Harry Harrison）的科幻小说《腾出空间》（*Make Room*）。这本
小说就是科幻电影《超世纪谍杀案》的剧本依据。当然，今天
的 Soylent 是货真价实的 Soylent，无论网上购买还是去实体店购
买，都不是由人肉制作的，而是用各种食品原料优化组合后的
一种食品，营养全面，即开即食。

"在人口迅速增长、资源迅速减少的世界中，所有人都需
要高效、便捷地获取营养。我们支持转基因，支持可持续发
展，并准备改变世界对食品的看法。"位于加州的 Soylent 公司
宣称。

该公司将其食品称为"工程营养物"。每勺 Soylent 粉含有
20 克蛋白质、21 克脂肪、26 种维生素和矿物质。

◎Soylent 速食粉

Soylent 的创意出现在 2013 年。当时软件工程师兼企业家罗伯·莱哈特在硅谷的一家初创公司工作，他没有去做饭或买饭以获取能量的时间和欲望。当时他进行了一个为期 30 天的实验：将不同的食品原料混合在一起，食用一份即可获得一餐的营养和能量。莱哈特摸索出一个对他有用的配方，随后进行了众筹活动。现在，Soylent 的产品有预制饮料、咖啡和代餐粉。

该公司说，"到 2050 年地球人口将达到 97 亿，要养活这么多人就需要将粮食产量提高 70%。虽然全球 38% 的土地已经用于农业生产，但在美国就有 4100 万人正面临着饥饿。因此，解决食品的供应问题不容忽视。"

现实世界，越来越奇异。但是，希望科幻书和电影中的情节千万不要发生。

实验室培育肉

科学家找到了一种跳过"生长"过程直接利用动物细胞生产肉类的方法。

"实验室肉"靠培养皿中的细胞长成肉。你可以将其想象为藻类长成固体物质。

通过提取畜禽细胞并用糖类、氨基酸、脂肪和水加以培养，孟菲斯肉类公司可以制造出"牛肉""鸡肉"或"鸭肉"。培养 1 个月左右，肉就"长成"了。这种肉可以制作汉堡、鸡块、香肠或其他肉制品。

　　该公司将产品称为"清洁肉类"。因为它会筛选出能够长成肉类的最好的畜禽细胞。生产过程消除了对抗生素和生长激素的依赖，而传统畜牧业需要这两种药品。不过，最大的益处是省略了饲养、宰杀动物的整个过程，从实验室直接到餐桌。

　　"细胞是我们消费的所有食物的基础。而在孟菲斯肉类公司，细胞是培养肉的基础。我们从动物身上获取高质量的细胞，并将其培养成肉来制作食物。想象这是一个微型农场，我们压缩常规动物养殖流程，例如省略饲养和加工，直接将营养美味的肉食带到您的餐桌上。"这是该公司的广告词。

　　当然，传统的畜禽养殖带来很多环境问题：占用了大片土地，需要大量饲料，制造了大量废物和废水，产生了大量温室气体。

　　孟菲斯肉类公司消除了畜禽饲养相关的几乎所有的环境问题。当然，其产品仍然需要水，会产生一些废物，并且会消耗一些电力，因此不会完全没有温室气体排放。在实验室中培养食物有明显的益处，尽管目前成本高昂。

　　目前450克培养肉的价格在2400美元左右。产业目标类似于电动汽车：销量上升，价格下降。

　　未来数十年，肉类消费量有望成倍增长。美国市场扭转了肉类消费的下降趋势，并预测未来十年需求将继续增加。全球需求也在上升。根据联合国粮农组织的预测，到2050年，全球肉类消费量将增长 73%，发展中国家的人口增长和经济繁荣是主要原因。随着发展中国家国民收入的增长，肉类（一种较昂贵的蛋白质）在家庭饮食中占比也将增加。

实验室肉很好地回答了"牛肉在哪里"的问题，前景广阔。

第14章

从马桶到龙头

河流是人类主要的淡水来源,但是水质常常很难让人放心。实际上,河流是地球上最脏、污染最严重的地方。河里经常充斥着有毒废水、病菌、重金属等,这些物质会引发身体或精神异常症状、出生缺陷,甚至死亡。

例如,印尼的芝塔龙河,被公认为地球上污染最严重的河流。每天有2万吨废物和30多万吨废水排放其中。这条河位于印尼首都雅加达以南129千米处,全长300千米。沿着河岸是2000家纺织工厂,有毒废水未经任何处理便直接排入河中。同时,有2500万人依靠这条河作为饮用水源和灌溉水源。

流经印度和孟加拉国的恒河也在消亡,每天流入的废水约490万升。有时候排污非常严重,从污染源到下游2414千米处仍能看到泛红的污水。然而，每天仍有数百万人在恒河中洗澡。对于他们来说，这是生活习俗。

意大利南部那不勒斯湾周围，有一条长达 24 千米的萨尔诺河。这条河因长期经受污染而改变了地貌，成为地貌学研究的经典案例。很明显，污水会给公众带来健康隐患，但当地的市政官员依然把此河作为水源。

密歇根州 554 千米长的弗林特河，虽然名不见经传，但由于水污染事件引起了全球关注，数千人有铅中毒的经历。

这个事件，成了众多新闻故事、纪录片、电视节目的主题。当时有许多维权运动来帮助受害民众。社会名流和明星，例如威尔·史密斯、雪儿、埃米纳姆和麦当娜等都捐款捐物，并送出数十万瓶纯净水来帮助居民。社会活动家和各界名流揭示了一个事实：穷人和无权无势的人往往是环境污染的主要受害者。

弗林特的故事可以看作一个关于金钱和政治的故事。为了节省成本，2014 年市政府决定将其水源地从休伦湖和底特律河改到贯穿城镇的弗林特河，但是水务管理没能跟上。来自弗林特河的供水中发现了较高水平的铅含量，10 万居民（包括12 000名儿童）有可能铅中毒。

站在横跨弗林特河的一座人行天桥上，可以看到浑浊、褐色、富含蓝藻的河水缓缓流动。水里有几只鸭子游来游去，三两个浮标浮在水闸前晃动。下游河道拐弯变宽了些，水面飘着一些约 0.3 米长的油花。油花泛着灰色和蓝色，破碎后流向不同方向，在水里投下斑驳的影子。你看不到河底，这条河很浑浊，像豌豆汤一样。一个空塑料瓶被冲到岸边，躺在渠道下。下水道就在河对岸，距离河岸大概 60 步远。

不到 10 分钟，你就可以走过弗林特河的河道，进入哈里森街，到达市政大楼和水务办公室。这座城市的建筑乏善可陈，许多写字楼和商店已人去楼空或濒临废弃。这种境况已经持续有一段时间了，但是市中心还有一些人气。这里有美国圣公会、长老会等教堂，甚至还有一个共济会会所。教堂的宣传栏里展示了活跃的日程表，显然，人们会经常来这里聚会、交流信仰。

夏洛特在附近一幢老建筑中当保安，她说现在饮用水的情况好多了。当 2015 年发现水中铅超标时，许多居民没有其他可靠的水源，那时瓶装水是唯一的选择。

"现在大多数人都可以获得符合标准的水，"她说。她从小到大都住在弗林特，比较担心超标自来水对孩子的影响。"我们成年人还可以扛一扛。孩子们最容易受危害，他们的生长发育受到影响……真是太糟糕了。"

儿童特别容易受到铅中毒的影响，因为成长中的身体从污染源中吸收的铅会比成年人身体吸收的多 4~5 倍。铅中毒会影响到大脑、肝脏和肾脏。铅会积累在牙齿和其他骨骼中，随着时间推移越积越多，危害也越大。营养不良的贫困儿童受到的伤害最大，因为他们体内通常缺乏骨骼生长所需的营养物质例如钙和铁，因而会吸收更多的铅。

夏洛特指出城市中心正在发展建设：旧电影院变成了新的户外咖啡馆，一排商业街正在装修，农贸市场在扩建。一系列开发和再开发的规划，让城市的未来充满希望。当然，弗林特的市民对他们曾面临的水问题及受到的全球关注都非常了解。"对，我都看过了。"夏洛特甚至与我讨论了由拉蒂法·奎因主演并在 *Lifetime* 频道放映的剧情片《弗林特》，该电影基于水危机事件改编。

引起舆论关注是好事。他披露了本不应该发生的问题，揭示了我们许多人都不知道的饮用水污染问题：我们的水里有什么？

密歇根大学弗林特校区的洗手间外面有一个小科普。标题写着："弗林特校区的水安全吗？"文字解释了该大学如何过滤和检测水质，以及如何协助当地社区应对水危机。

弗林特河流流经弗林特。当来自底特律较为昂贵的自来水水源面临关闭时，弗林特当局首选以离家较近的弗林特河流作为水源。这当然不足以成为管理不善或不当做法的理由。但这却警示着我们：如果供水不足或水用完后会发生什么。

由于没有人能够找到一种廉价的造水办法，目前唯一的选择就是从附近已存在的水源地取水，即使这水源可能被污染了，即使它是有毒的，即使需要输送几公里。

自末次冰期以来，地球的淡水储量变化不大，变化的是人类使用和浪费了很多水。从 19 世纪到 20 世纪，世界人口翻了 2

倍，而用水量猛增 15 倍。

随着地球人口不断攀升到 80 亿，水资源需求越来越难以满足。人多水少，未来 50 年的用水需求会造成水资源的进一步短缺。2050 年地球上将有近一百亿人，这意味着人类赖以生存和发展所需的水量将成倍增加。这只是考虑了个人用水，各行各业也需要大量水。例如，美国几乎有一半的淡水用于发电，剩余的大部分淡水用于农业和食品工业。而且，高科技产业也开始消耗大量的水。仅在美国，支持着我们访问和搜索网络的数据中心每年就消耗了 6000 多亿升水。这个水量相当于给地球上每个人发 10 瓶矿泉水。随着科技蓬勃发展，用水量也将激增。

人类用水需求剧增，污水也越来越多。联合国世界水资源评估计划（UNESCO-WWAP）发现，发展中国家的大部分污水"未经处理就排放，污染着河流、湖泊和海洋"。水污染不仅发生在发展中国家，已成为全球问题，水污染程度正在上升。

整个地球上的淡水估计有 13.86 亿立方千米。这个数字看似很大，若能连成一块，正好可以覆盖着美国本土。但放眼全球总面积，这个水量就显得微不足道了。

大部分淡水储存在冰帽和冰川中，另有 30% 在地下。比较容易获得的地表水，如湖泊、河流、溪流、沼泽等，不到 0.5%。

全球变暖使得更多的水漂浮在大气中而不是降落到地表上，这进一步抑制了供应。背后的原理很复杂，关键是温度升高导致蒸发更快，地表的水量随之减少。

几乎所有科学依据都表明，每个人每天要用掉大量淡水。到 2050 年，预计地球上几乎所有大城市都会遭遇到水资源短缺的问题，主要是饮用、洗澡和清洁等生活用水问题。将有多达 20 亿人（约占世界人口的四分之一）受到供水不足的影响。拥有足够的淡水供应与确保它是清洁可饮并且方便获取是两码事。在本书第 12 章中已经详细地解释过这一点。现在有必要充分讨论受污染的供水。

干旱地区正在扩大。联合国预测，到 2030 年世界一半的人口将生活在类似沙漠的土地上。若无水可用，人们不得不迁徙，这将导致数百万的"水难民"。较高的估计表明，由于缺乏安全的淡水而被迫流离失所的人口约为 7 亿。

目前，旱地占地球陆地面积的 40% 以上，人类用于生存的空间少之又少。

世界上有许多著名的干旱地区，如撒哈拉以南的非洲地区、中国的高原地区、澳大利亚的内陆地区、美国西南部（传说中的"沙尘碗"）。当然，就像喜剧演员萨姆·金尼森喊出来的那样，人们可以"走开"！去有水的地方。但是，如此庞大的人员迁徙绝非易事，必须找到其他解决办法。

20 世纪 60 年代，加州的橙县意识到必须重视日渐减少的供水，否则水资源将在 20 年后耗尽。旁边的奥兰治县位于洛杉矶和圣地亚哥之间，为半干旱气候，供水主要依靠地下水和流经其边界的小河圣安娜河。在加州，水的分配从北向南依次减少，南部由于位于河流下游得到较少的供水，因为北部城市先抽取了一部分河水。

第二次世界大战后，由于附近的石油工业和航空航天工业的发展，橙县从顾名思义的柑橘种植区转变为地产和商业中心。那么，怎样做才能满足扩张的人口的需求呢？寻找更多的水。

由于橙县靠近太平洋，工程师开始探索海水淡化技术。淡化是一个从水中去除盐分的过程。由于海洋辽阔，海水非常多，海洋被视为未来淡水的来源。

直接喝咸水（如海水）往往是致命的。肾脏可以处理盐分较少的水为身体补充水分，盐分过多，身体就会脱水。过多的盐分摄入会导致死亡。

有几种方法可以从水中去除盐分。最古老的方法是加热盐水以产生蒸汽并冷凝，这样就有了淡水。这种方法被水手们使用，已有数百年历史，它需要耗费大量能源，而且效率不高，因为蒸发过程带走了大量热量。

另一种更现代的脱盐方法是离子交换法，它利用电能分离出盐离子，制造出饮用水。同样，这也比较耗能。

第三种方法是反渗技术，通过过滤膜清除水中的盐分。它效率较高，但用于海水效果不好。因为滤膜不能处理高盐分，盐分太高无法高效地滤掉。

橙县的工程师们并不愿意使用高能耗技术。高能耗技术需要提高供水价格，往往会遭到消费者反对。由于各种海水淡化方法的能源成本很高，工程师们尝试寻找其他方案。他们开始研究废水的回收利用。

与海水脱盐相比，废水回收涉及整套过滤技术。该过程通常被称为"从马桶到龙头"，处理过的生活污水非常干净，可以饮用。使用这种技术，要克服的最大问题是心理障碍，而不是技术问题。这是对公众认知和心理接受能力的挑战。

废水的循环利用需要大量的过滤、水处理和检测步骤。流程如此之多以至于这种淡水往往比其他水体"更清洁"。

城市里的大多数废水直接通过下水道和污水管中排放掉了。这意味着有大量的废水值得回收并转化为可用的饮用水。橙县水务部门 20 世纪 50 年代和 60 年代初就意识到了这一机会，并最终决定与邻近县市的卫生和水务部门合作，看是否可以为居民提供可持续的淡水供应。

"这是合署办公的好处。"肖恩·德瓦恩在水务局的办公室里回忆了那段历史，他是该地区的水务负责人。他说，当时办公地点在一起，这让市政官员们有更多机会讨论废水的回收和处理。

通过一个名为"21 世纪水厂"（Water Factory 21）的计划，20 世纪 70 年代中期橙县启动了废水处理流程的研发。

今天，这里拥有世界上最大的废水回收处理厂，为 250 万人提供着再生水。它几乎已经完成了水循环利用的闭环，冲马桶的大部分水经处理后可以作为饮用水被再度利用。看似毫无价值的生活污水，成为橙县供水方案的一部分。

来自世界各地的供水行业专家、市政官员和政府领导人，在参观橙县的卫生和水务部门后，一致赞叹他们的水务运营和废水再利用技术。

参观水处理设施的流程是：观察并闻污水管道的气味，可以看到污水渠的废水以每小时 8 千米的速度通过污水管末端的滤耙。滤耙分拣出碎布、避孕套、塑料和其他较大物体（甚至风闻有保龄球），并将这些物体带到传送带上。之后污水通过高压空气系统进入沉砂池，蛋壳和咖啡渣等较大的固体物质被进一步去除。散发出异味的污浊废气被收集起来，排入一个大型筒仓。在那里通过苏打水和漂白剂消除异味。之后，污水进行进一步的处理。

巨大的水池将水流变缓，使固体物质有时间升到表面，刮水器掠过池子的顶部和底部，以除去残留的大部分存水。然后水被输送到滴滤池和曝气池中，以进一步清洁。接下来，将其喷洒在有细菌繁殖的蜂窝状材料上。当水滴进入材料后，微生物会降解所有没有过滤的固体物质。最后，水从污水处理厂被送到隔壁的消毒厂进行更多处理。

上一阶段的污水通过巨大的管道进入消毒设施。每天有 3.8 亿升的水流过这里，水用聚丙烯纤维来进行微滤除杂。下一步是反渗过程，水被加压通过薄的膜片。净化后的水会用高强度的紫外线消毒并破坏掉有机物。由于水已经被彻底纯化，因此必须重新加入矿物质，变成可以饮用的水。但这些水并不直接送到用户，而是排入地下蓄水层与地下水混合。在地下大约停留 6 个月时间后，被抽取上来进入供水系统让人们饮用、沐浴或冲厕。这样周而复始持续下去。

终端用户的水槽可以作为检查上述污水处理流程的最后一站。带有水龙头的不锈钢水槽在餐馆里很常见，从水龙头流出的水看起来干净、新鲜。用干净的小型塑料测试杯接一杯没有任何异味的循环水，你在饮用之前仍然会有一丝犹豫，可能会回想起未处理的污水穿过管道的景象。但是，尝了一口后你会认定是干净的水：口感很好，没有任何异味。

现在 250 万位橙县居民共享同一个地下蓄水层，没有人去投诉水质问题。至今也没有发生任何水源性流行病或疾病。但这并不意味没有水污染问题要处理。

通常用于清洁的液体丙酮，相对无害，可以通过橙县的水处理系统。水质与技术系统的总经理助理迈克·韦纳说，丙酮可以逃过水处理设施的机械部分，但会被大自然自身的环境缓冲掉。经过地下蓄水层 6 个月的混合和渗滤过程，进入千家万户的水十分安全。

另一个问题是 N-亚硝基二甲胺，技术人员正在努力解决。N-亚硝基二甲胺具有致癌性，被分解后可以再次形成。它通常是化工产业的副产品。韦纳说，该县正在优化水处理工艺，最

◎废水回收后净化出的水

大程度地减少 N - 亚硝基二甲胺的形成。水务部门发言人说，紫外线与过氧化氢的先进氧化工艺解决了这个问题。但是，人们依然会担心。

水质检测是一项受到严格监管的业务，不容出错，一旦出错就可能付出生命代价。密歇根州弗林特水危机就是明证，缘于供水系统的水质变化没有被及时测出。

全球范围内，由于水处理不达标而中毒的事例比比皆是。

孟加拉国四分之一的人口（4000 万人）被公共供水中的砷污染毒害。法国南部数以百万的人喝着被农药污染的水。这些事例的不断增加，使人们难以信任市政供水。

研究表明，多数水源污染都不在人们的视线范围内，因此多数人都不在意。鉴于弗林特水危机，2016 年 6 月 8 日，《华盛顿邮报》发表了关于水污染的评论："公民倾向于关注他们能看到和遇到的问题……这意味着他们通常不会注意到水污染，只有当水发出恶臭、颜色异常才会引起关注和投诉。"

橙县很早就意识到了这种情况，这就是水务部门要尽力做好水质测试和筛查以提供安全用水的原因。它同时意识到公共教育至关重要，尤其是在废水处理方面。

橙县卫生部门的负责人吉姆·赫伯格说，对居民和商户进行教育，使他们了解应该如何冲厕所、哪些东西不应该进入下水道，对防止污染物进入废水有很大帮助。他和同事发起了一个"何物可以入马桶"宣传运动。内容很简单：宣传冲厕所只能冲 3 个"P"：尿尿（pee）、便便（poop）、厕纸（paper）。该机构通过宣传册、社区活动、公共讲座、学校课堂等方式向人们传达这些信息。

在水务部门的会议上，官员们希望扩大废水的利用规模，以服务于全县的 320 万人口。

"我们致力于回收尽可能多的废水。"韦纳说。他提出了一个事实：雨水、处理过的废水等仍被大量排入海洋，他们被一些市政设施"丢弃"了。"我们不想这样，需要想办法对此做出改善。"一旦有所改善，好的用水习惯就逐步形成了。

循环水并没有包含废水回收利用的全部。由于水分子的分合聚散与地球的水文循环相协调，所有的自来水实际上已经处于大自然的循环利用中了。来自海洋中部或高山之巅的水最终升入大气中，随云朵流动，再以降雨、降雪的方式回到地表。这就是为什么山上的雪可以变成海洋中的雨：自然界经过漫长的过程才将 2 个氢原子和 1 个氧原子生成 1 个水分子，然后水分子不断地在地表循环着。

从马桶到龙头的水处理技术框架，很大程度上没有考虑到自然界的水循环。自然界的水循环通过沙子和土壤过滤掉污染物，然后可以干净地饮用。目前还需要时间证明人类的治污办法是否胜于自然。废水回收利用已经成为各大城市的生活供水的一部分。英国、澳大利亚、比利时、新加坡、南非、以色列、纳米比亚等都在进行废水的回收利用。

著名水务研究员兼顾问威廉·萨尼为大型企业和市政当局提供了很多用水建议。他说，废水处理前景广阔，预期投入产出比高，目前废水回收利用的最大障碍仍然是公众认知。

萨尼写了许多关于水的书。他在《水技术：水领域投资、创新和商业机会指南》一书中概述了很多技术和方法，让公众或企业成为更好的水资源管理者。他写道，全球都迫切需要水资源。但是，无论紧急程度如何，在某些地方进行废水的回收利用可能很难持久。这与废水处理技术无关，与对清洁本身的看法有关。

在干旱严重的澳大利亚，反对派团体"反饮用污水公民组

织"一直在抗议各种废水回收利用项目。这个组织的名称反映
了其宗旨，成员们认为人类不应该使用回收的废水。然而，人
类回收利用水的技术目前还很有限，也做不到一直提供来自自
然界的"新水"。所以废水的再利用是所有人不得不去习惯的方
式，甚至一生当中都得喝这种方式产生的水。

　　未来，我们在住宅中使用的水可能会在一个闭环系统中被
反复循环使用，该系统中流过下水道和管道的废水会被过滤、
消毒和热处理，然后重新流回水龙头、淋浴头和浇花的软管。
同时，我们的固体废物可以转化成能源（生物燃料）。橙县卫生
部门利用生物燃料每年节省了数百万美元的能源成本。

　　减少、再利用和回收（3R）的原则，不仅仅适用于固态物
品，同样适用于生活垃圾和废水。我们必须要考虑到人类总体：
如果我们不重新考虑如何利用厕所的水龙头，使其不仅仅用于
冲厕，将来根本没有足够的生活资源（例如水）供给所有人。

空气中的水

　　　　　众所周知，太阳能电池可以将阳光转化为电能，
但是一家公司找到了一种将阳光转化为水的方法。

　　Zero Mass Water 公司的 SOURCE 技术仅需阳光和
空气就可以制造出饮用水。水电池板的尺寸为 1.2 米×2.4 米，

第 14 章 从马桶到龙头 | 253

外观类似于太阳能电池板。板上先进的集水模块每天可以产出多达 10 升的水。

　　一个标准的 SOURCE 套件由两个面板和一个可容纳 60 升水的储水箱组成。该系统利用太阳能和一小块电池运行，因此可以完全不需要额外供电。储水箱可以连接到家用供水管道，将水直接输送到你的水龙头。它甚至可以在干旱的沙漠中使用。SOURCE 技术成为缺水地区的福音和未来。

　　世界卫生组织的报告表明，全球超过 20 亿人缺乏安全的生活用水，将近 10 亿人根本无法获得淡水。

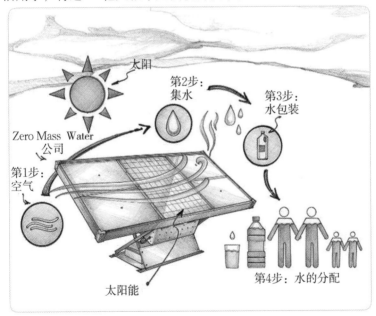

◎Zero Mass Water 公司研发的 SOURCE 的水电板

SOURCE 应用热力学、材料科学和控制技术来实现集水。从本质上讲，水电池板利用太阳能捕获了空气中存在的水分并将水"拧出"。

总部位于美国的 Zero Mass Water 公司表示，其使命是使饮用水成为一种不受限的资源。同时，其出厂的水用钙和镁矿化，通过这些电解质的完美组合，保证水的口味和品质。

从发达的城市社区到农村社区，SOURCE 的水电板已销售到世界各地。产品价格为数千美元，但长远来看是很划算的。就像 Zero Mass Water 计算的那样，"使用寿命为 15 年，您的 SOURCE 平均每天为您提供一箱可口的水或 12 瓶矿泉水，每天花费不到 1 美元！"该公司还有一个计划，即"生命之水（W4L）"，该计划旨在让客户或捐助者能够帮助有需要的家庭或社区获得 SOURCE 系统。

从天上获取淡水不再取决于大自然或天气。Zero Mass Water 已经"攻克"了大气层，跳过了降水过程，直接就地取水供人们使用。

捕雾器

雾可以看做地面附近的云。早晨时，大量的水蒸气在海岸线附近甚至沙漠地区漂移、聚散、徘徊。地表温度较冷而上层空气较暖时，地表的水蒸气就会凝结成露水，空气变得湿润起来。

一些生活在干燥地方的人可能知道捕雾器。这是一种细小的网罩，能捕获到穿过它的水汽。陷入网中的水汽滴落下来被储存在水箱中。在世界上最干旱的沙漠智利阿塔卡马沙漠中，整个社区靠捕雾器获得水，那里的人们甚至可以用捕获的余水酿造啤酒。在干旱地区服役的美军部队也使用捕雾器。应用实例数不胜数。

根据天气条件和地理位置的不同，有时捕雾器可以捕获大量的水，某些情况下每天可以捕获数千升的水。每立方米空气中的雾量为 0.1～0.5 克，具体取决于水汽密度。吊起大网，一滴滴水就汇流满桶。尽管如此，捕雾器的效率仍然不是很高，过程中会流失大量水。

弗吉尼亚理工大学的工程师改进了雾网的设计，并发明了一种新技术，从而可以捕获到传统捕雾器 3 倍的水量。这些捕雾器被称为"雾竖琴"，与传统捕雾器上的横线与竖线相交不同，它们仅利用竖线即垂直的金属丝。

　　弗吉尼亚理工大学的科学家发现，捕雾器上的横线会扰乱液滴向下流动。通过消除横线，水滴可以更自由地流动。他们发现，网格大小对于捕水效率也很重要。

　　"在实验室受控条件下，比较了三种不同线径的'雾竖琴'与同等尺寸的传统网格的收获率。如预期的那样，中型金属丝表现出最大的收集率，而细网或粗网的性能较低。这是由于粗网缝隙太大无法捕获足够的水，细网直径太小水滴无法畅快地流动。"

　　"雾竖琴"源于捕雾器的启发，竖线看起来像一把竖琴。在干旱地区，雾竖琴可以演奏出更好的"和弦"。

— 第四部分 —
DI SI BUFEN

人类

未来

第15章

无人驾驶与人工智能

2017 年的一项综合研究，调查了全球 1000 多个城市的交通情况，洛杉矶被列为全球最拥堵的城市。

该研究发现，司机每年在这里的塞车时间为 102 小时，而全球第二拥堵城市莫斯科和纽约，则为 91 小时。就国家/地区交通排名而言，发达国家中美国堵车最为严重。

洛杉矶城市交通中最糟糕的路段是 10 号公路东行的一段，位于 405 号州际公路和 110 号州际公路之间。这一路段位于洛杉矶城市西部。拥有漂亮海滩的威尼斯区域和圣塔莫尼卡也堵得厉害，但比不了位于洛杉矶市中心外围的英格伍德、卡尔弗城和韩国城，这里以工商业为主，居住区域较小。在这里，你透过公路护栏可以看到脱衣舞俱乐部、停车场、各种商铺。每到星期五晚上，这些区域尤为堵车。谷歌地图显示，从周边到那里有 29.5 千米，可能需要 115 分钟才能到达，手机地图上一直显示红色高亮，说明道路时常为拥堵状态。

罗莎·帕克斯高速公路是这段高速公路的本地名称，每到堵车时 4 个车道都堵上了。共乘车道（HOV）上的车也无法移动。共乘车道允许 2 人或 2 人以上的乘用车、或经特许的车辆通行。

东边的房价更为便宜；工人们选择在城西公司上班，在城东安家。而每个工作日的早上大家同一时段到达高速路口，这就是让交通如此拥堵的原因。

1984 年洛杉矶奥运会期间，市政官员与该地区的雇主们进行了协调，调整员工工作时间以减轻交通负担，在减少汽车尾气污染的同时，也可以减轻雾霾，让运动员呼吸得健康一些。据研究，汽车尾气可以产生雾霾。但是奥运会之后就没有交通协调机制了，工人们又回到了"朝九晚五"的上班节奏，每天下午 5 点钟下班后城市交通就要瘫痪一次，早高峰也一样。

晚高峰时段的尾气污染最严重，因为这时候气温较高。

在冬季，周五傍晚 5:15，即使没有交通事故，10 号公路也堵得一塌糊涂。这里是红色刹车灯的海洋。汽车变道抢位，希望能更快地前行。每个人都蠢蠢欲动，结果每次只能前行几米，车辆在缓慢行驶的车道中走走停停。这时候插队到别人面前没有任何意义。道路上唯一可动的是摩托车，在加州他们可以在两车道之间行驶。

一个在 SUV 后排安全座椅上的孩子凝视着飞过头顶的飞机。驾驶员把豪华轿车的后窗降下来打算让乘客透口气。公交车上的小学生鼻子紧贴窗户望着窗外……在高速公路上由于堵车，你有充足的时间来关注这些无聊的事情。

汽车的移动速度看着像波浪一样：每小时 9.7 千米……每小时 14.5 千米……每小时 19.3 千米，然后又降下来，每小时能有 27.4 千米就谢天谢地了。

太阳开始落山，橘黄色的晚霞映照在洛杉矶市中心的高楼玻璃上。市中心有一些在建的大楼，有的挺高，大约有 70 层或更高。洛杉矶正在市中心地区规划自己的未来。这可能会改变这座城市的去中心化性质。城内主要的高速路大多修于 20 世纪 50 年代的繁荣时期，方便了郊区居民上下班，也刺激了汽车销售。目前加州仍然比其他州拥有更多的汽车销售量。几十年来对公路的大规模投资建设，再加上汽车和石油行业的利益，洛杉矶在政治上很难摆脱交通问题。此外，民意调查发现，人们更喜欢开车出行，而不是使用公共交通。不到 10% 的居民使用洛杉矶站点数量有限的地铁系统，这个比例可能已经达到最大值。2016 年，市民投票通过了一项新税种，用以扩建快速公交道、自行车道和地铁系统。但是，距离达到减轻交通拥堵的效果还很遥远。按市政计划，完成新的公共交通系统需要 40 年时间。同时，如果人口继续大规模迁入的话，那么洛杉矶的交通将变得更糟。到 2040 年这座城市预计将迁入 100 万人。

　　尽管有更好的地图和导航技术，全球的交通状况仍在恶化。2012 年洛杉矶的司机拥堵在路上的时间不到 60 小时，洛杉矶当时已是最拥挤的城市。与现在的洛杉矶相比，到 2050 年城市中的司机将浪费更多时间在交通拥堵上。

　　随着越来越多的人迁入城市，交通拥堵的局面很难缓和。众所周知，直到最近 10 年世界上多数人口还居住在郊区和农村，但工作机会和就业使得数百万人涌入城市中。

　　交通堵塞越来越严重。仅在美国，堵车造成的时间损失就超过了 3000 亿美元，平均每位司机约 1500 美元。医疗费用也在增加：交通拥堵加剧了空气污染，造成了更高的医疗花费。

　　交通运输是全球变暖的第二大原因。如果我们可以改变出行方式帮助减少碳排放，或许能够缓解全球变暖问题。

　　公路可能是人类在地球上制造的最糟糕的工程物。许多不合理之处都可以追溯到古罗马时期。罗马帝国约在公元前 312 年修建了第一条公路，Via Appia 或 Appian Way，它连接了罗马和意大利南部，用来运输军需物资。随后一段时间中，其他长而直的马路修建起来，加快了罗马帝国军队的行军速度。随着军事征服的继续，罗马帝国的修路工程遍及欧洲和北非。据估计，古罗马人修建了 8 万千米的公路，这就是俗语"条条大路通罗马"的原因。

　　这些道路中的一些至今仍在使用。如果你尝试开车进出罗马市中心，会发现那里的交通很糟糕。古罗马是城市规划和道路建设的先驱，但按交通事故发生率，当代罗马公认是欧洲最危险的城市。

可以肯定的是，古罗马不应该为当代的交通拥堵和人口暴增而受到指责。但是，今天的政府官员和城市规划师可能需要反省。长期以来他们无视人口增长和驾驶方式的变化。例如，洛杉矶的市政官员承认，一项耗资数十亿美元的道路扩建工程，并没有解决 405 号高速这条要道的交通拥堵问题，充其量能保持现状。额外的车道只会诱使更多的车流上路。这种情况就是交通研究人员所说的诱导性需求。这意味着，当较新的、较宽的道路建成后，会有更多的车蜂拥而至，人们相信在新路上能够开得更快，结果就是更拥堵了。城市规划人员很少对此进行分析。

面对这种短视行为，斯坦福大学实验室的一群学生考虑用人工智能来管理交通需求。如何更快地从 A 点到 B 点或者绕行，可能不再取决于人脑，而是由算法决定。

Drive. ai 是他们为改变交通未来做出的创意产品。公司名称中的"ai"突出了其使命，即利用人工智能来改变现有的交通方式。而这一切与无人驾驶技术有关。

从理论上讲，无人驾驶汽车更安全、高效，并有助于减少交通拥堵。即使是在普通驾驶的车流中只有一辆无人驾驶汽车，也可以显著改善交通。伊利诺伊州大学的一项研究表明，当交通堵塞开始时，无人驾驶汽车会更智能地控制车速，意味着后面的车辆不用骤然降速或刹车太猛。路上的车流管理得更好就可以节省油耗。与稳定速度行驶相比，车辆减速后再次加速会消耗更多燃油。该研究表明，测试组的燃油节省量最高可以达到40%。想象一下，不仅是一辆人工智能车辆，而是一支由人工智能车辆组成的车队，能够熟练地行驶在街道和高速公路上，使车流处于最优状态。若减轻交通拥堵，就减轻了汽车尾气对环境的影响，降低了全球变暖的程度。

　　无人驾驶汽车变得如此智能的原因在于，它们有大量能够帮助决策的信息。事实证明，在驾驶方面电脑比人脑聪明得多。

　　达斯汀·霍夫曼在电影《雨人》中扮演自闭症患者雷蒙德·巴比特，剧中他一遍又一遍地重复道："我是一名出色的车手。"许多人也自认是个好司机，但实际上不是。例如驾驶时不少人用手机发信息，由于发信息引发的交通事故非常多，更不用说电话聊天引发的事故。驾驶时的多任务处理已经司空见惯了。一家驾驶信息公司发现，司机每小时平均用手机3.5分钟发短信或聊天。另外还有非理性驾驶、疲劳驾驶和其他人为因素。这些情况支持了以下理论：计算机比人类更适合控制车辆。这就是为什么机器人在未来将接管交通。回到斯坦福大学的实验室，2013年Drive.ai的创始人就预测到了无人驾驶的前景。

　　Drive.ai首席执行官萨米普·坦登说："我们正在研究各种不同的无人驾驶项目。这一定是未来的发展趋势。"他一直微笑着，欢迎别人提问。他穿着在旧金山当地制作的外套，里面穿着敞领衬衫，下身牛仔裤。对于在加州山景城（硅谷核心地带）短短几年内就迅速扩大的公司，他依然感到不可思议。

Drive. ai 现在有 100 多名员工，占据了整个办公楼层。

Drive. ai 是公认的无人驾驶领域的领先者。它是加州首批获得无人驾驶汽车测试许可证的初创企业之一，并且与 Lyft 公司达成了一项无人驾驶合作协议。

在斯坦福大学时，坦登和他的实验室同事知道他们有能力研发出商业上可行的 AI 产品，问题是要应用到什么领域。经过大量调研，他们聚焦到无人驾驶汽车。他们始终相信：无人驾驶汽车具有改变人类生活各个方面的巨大潜力。

如果无人驾驶汽车能够后来者居上，那么停车场将成为过去式。送货服务和部分邮政服务也将被在线订购并由无人汽车送达所取代。每一项改进就会将汽车的碳排放量减少 10% 左右。

无人驾驶的真正意义并不在于取代普通司机。目前，无人驾驶最大的市场是需要按预定路线来行驶车辆或车队的商业运输领域，包括乘车共享计划、工人工作通勤（如网络安装工）、快递服务等。这使得编程更容易，编程越简单，车辆的行驶效率就越高。

从本质上讲，人工智能是一种软件，这些软件的代码写好后，程序可以自我学习和升级。例如，如果一些车辆每天在特定时间段占用左车道，那么右车道尽管可能会出现堵车但大概率通行更快，无人驾驶汽车就会选择右车道。

"提到无人驾驶汽车时，首要的就是汽车上的各种设备。一般要配备摄像头、激光雷达、普通雷达和回声仪。有了这些传感器提供的信息，就能够对车况、路况有全方位的了解。"坦登解释道。激光检测和测距系统（LIDAR）的工作原理类似于雷达，但利用光波而非无线电波进行检测和勘查。

在无人驾驶车辆上，大约有 10 个摄像头、4 个激光雷达、1个雷达系统，这是无人驾驶的硬件基础。还有一系列以感知为首要功能的软件，让汽车尽可能侦测到周围的事物。例如，其他车辆在什么位置？骑自行车的人在哪里？行人离车有多远？让这些车辆感知到周围环境，以做出正确的决策。这样人们才放心让车辆上路，保证安全行驶。

接下来是行驶和决策系统。"现在最棘手的地方在于，如果你要造一个引擎，即用于汽车的 AI 引擎，那么常规的思路就是先编制规则，明确汽车在不同状况下应该如何操控。例如，如果正在下雨，人们期望车辆必须适应道路上的反光，这会干扰到汽车的感知系统。但是，如果你停在路口并试图分辨出谁应该先行，这些就很难写成精准的规则。几年前我们意识到，基于人工智能的机器学习方法是实现无人驾驶的最佳策略。对于这些车辆，先要对收集的数据集进行注释，明确在各种情况下应该做出何种决策，然后训练 AI 系统。以便在全新形势、全新数据的情况下，车辆能够快速地决策并举一反三。"坦登解释道。

例如，在传统的基于规则的编程中，将图像扫描到程序中并写入指令，如遇到"红灯"图像就代表要"停止"。AI让车辆能够自动学习，而不仅仅是遵守书面规则，所以，会捕获数百个不同场景下的停车图标如雾、雪、雨中等，并播放多种场景供软件学习。例如，当交通信号灯红灯在闪烁时该怎么办。此外，有数百辆无人驾驶车辆在采集数据。这使得程序能以指数级的速度学习。例如，Waze 和 Google Maps 的地图系统和导航系统里面就有自动学习的模块。因此用户越多，系统就越能更好地传达交通信息并更有效地引导各个司机。

将导航系统与无人驾驶、远程控制策略相结合，就可以增加交通流量、提高道路利用率。在没有人为干扰的情况下，"向右走再向左走，先加速再慢下来……"等指令都可以快速处理，即使遇到交通事故也可以很快处理好。

无人驾驶的"蝴蝶效应"将非常大。人们可以住在郊区，可以在往返办公室的路上工作，而无需费力地驾驶车辆。这也可能会扭转人们涌入城市找工作的现象。过多人口是城市交通拥挤的主要原因。无人驾驶是个应对的好办法。

坦登说："我认为无人驾驶技术将在很多方面带来革命性的变化。""想想看，以后不再需要快餐了，食物按需供应，每天都有快递模式的食品包裹。不过也许这看起来行不通。人们期待在有需要时能及时收到餐品。"他说，快餐店的店面可能要重新设计，允许顾客下车取餐。《华尔街日报》报道，服装生产商

Zara 把各门店升级后可以满足在线订货客户便捷地到实体店取货，这种销售模式取得了很大的成功。

　　郊区的房产住宅可能不再需要设计车库，共享汽车和个人车辆可以与公共交通的时刻表对接，出行变得很有效率。

　　尽管如此有些人可能还是会担心，大多数人都害怕新技术，尤其是那些看上去无法完全被人类操控的技术。此外，还有人顾虑乘坐时的人身安全问题。尽管无人驾驶汽车的前景越来越明朗，但许多人仍顾虑重重。

　　想想看，你初次上车并系好安全带，稍有犹豫地将驾驶控制权交给计算机。当一群行人越过你要驶入的车道时你会疑惑："自动控制系统看到他们了吗？""他们看出来这是一辆无人驾驶的汽车吗？""车会停下来吗？"在红灯面前你的焦虑持续增加：车子左转接近了前面的车流，改变了车道，当车辆驶入前方并做出意外动作时，例如突然刹车，你有点绷不住了。不过，经过一些舒适的体验之后，你明白车辆确实知道该如何做并能做到安全驾驶，你的焦虑逐渐消失了，开始认识到人工智能驱动的计算机正在做出各种决策，无需担心和紧张的。

　　不过，有证据表明计算机还未建立起完美的驾驶记录。无人驾驶汽车曾发生了多次碰撞事故。

　　尽管 Drive. ai 未在公共道路上发生任何事故，但坦登承认事故是不可避免的。他承认："人类永远都是不完美的，做不到让交通行业达到零死亡标准。"但他也相信无人驾驶汽车将变得更安全，"我们从人类的交通安全标准开始，不断改进，最终能够超越人类安全标准并建立更安全的无人驾驶系统。"

全球每年约有130万人死于交通事故，多达5000万人受伤。与交通事故的数量和生命损失相比，计算机的改进空间还很大。

Drive. ai 的测试车是一辆蓝色的电动日产 NV200，上面配备了车顶摄像头、传感器、激光雷达、普通雷达和其他高科技设备。实际上它是一辆经过改装的纽约市出租车。车门、窗框和滑轨中遗留的黄色油漆条纹透漏了它之前的出租车历史。坐在后座上，通过固定在座位板上的显示器，可以看到 Drive. ai 软件是如何运行的：颗粒状的红色热传感器表明旁边有行人经过，它还能识别交通信号灯、灌木丛和树木、障碍物、路障和车道等。另外一个闭路电视状的屏幕，以视频形式显示了车辆正面和侧面的情况。

这辆车似乎可以覆盖所有的角度和视图。Drive. ai 还为其人工智能系统装了一个后备系统，称为 TeleChoice。后备系统相当于总部的操作员，跟踪着车辆的运动，并在紧急情况下接管电脑做出决策。例如，如果车队中的一辆无人驾驶汽车撞上了建筑工地或道路上的障碍物，车辆很可能会停下来。出事故的原因可能是，没有将正确的路线或异常情况操作指南编码到车辆的知识库中。此时，后备系统可以接管车辆并引导它绕过障碍物。

最终，Drive. ai 的预测性指令将对接到社区和政府的公共

◎Drive. ai 公司的无人驾驶汽车

交通系统中，给驾驶系统提供实时导航。如果这套系统被其他无人驾驶车辆采用，那么就可以改变全球的"驾驶视野"。目前大部分道路尚未建立起高效的无人驾驶指令系统。这些城市道路都是围绕即将过时的商业和人口中心建造的。Waze 和 Google Maps 等导航系统表明这是可行的。在某些地方，曾经禁止通行的住宅区成为更便捷的通勤通道。当然涌入的车流会使得这里的居民头大。但是，随着计算机接管交通管理，就不会考虑太多感情因素。

　　地球上的道路有 3380 万千米。这是一个迷宫般的系统，割裂、干扰、践踏、剥夺着自然景观。人工智能极有可能重塑世界，极大地改善我们的道路系统和交通方式。当然，这些改变都要付出成本，革新总会损害旧利益。这意味着货车司机将失业，意味着出于效率考虑通勤时间和工作时间会有所改变。这也会带来心理上的影响：人们可能会感觉对生活失去控制。

耶鲁大学生物伦理学跨学科中心的学者温德尔·瓦拉赫非常关注无人驾驶对心理方面的影响。他是《危险的大师：如何防止技术超越我们的控制权》一书的作者。他说："无人驾驶剥夺了人类的自主权。"瓦拉赫的话充满了讽刺意味，他认为阻碍无人驾驶汽车改善运输效率的最大障碍是政治稳定。历史上，失业总会滋生不满情绪。如果无人驾驶导致大规模失业，特别是影响到美国最大从业人数的贸易、运输和公共事业时，那么社会上将发生一场激烈对抗。

一些团体已经开始强烈反对无人驾驶了。在纽约，代表职业驾驶员（包括出租车和货车司机等）的组织 Upstate Transportation Association 正在游说该州议会出台禁令：50 年内禁止无人驾驶。这个组织声称无人驾驶将导致成千上万的司机失去工作，并损害该州的经济发展。

"很多人家里有枪，他们可能会走出家门坐在高速公路上对无人驾驶汽车说'冲我来吧'！"瓦拉赫警示道。他声明这不代表上述纽约司机组织的想法。虽然他认为人工智能无疑可以使我们的交通系统更加高效和安全，但他不知道人类是否能够处理好过度控制的问题。他说："无人驾驶行业希望大家相信人工智能将广泛应用难以避免。"但是他本人并不相信这种必然性，他说："我们真的不知道未来该走向哪里。"

人工智能的冬天可能会到来，技术进步将放缓，而人们不得不适应现状并忍受生活的不便。或者也有可能会加速发展。正如他所说，在"我们走得太远"之前，希望能够看到一个发挥职能的伦理委员会。人工智能在人类生活中越来越重要，为了管理技术在我们生活中的角色，该委员会预期将设定一系列规则。他正在努力组建一个全球性的监管组织。

Drive. ai 公司的坦登充分意识到了人们对技术的恐惧和公众对人工智能的无知。首先，他不相信技术会导致失去大量工作机会。他预言："未来会出现我们从未想到的工作机会。"他认同需要进行更多的公众教育或科普。为此，Drive. ai 向公众开展了技术科普和试驾，让人们体验到无人驾驶的舒适性。"一切都才刚刚开始，就像互联网最初成立时一样。未来有很多可能性。"坦登对于未来比较乐观。

允许人工智能接管我们的道路和运输系统，最终可能会接管整个地球。如果从 A 到 B 的交通方式变了，那么看待 A 和 B 的方式会变吗？手段和目的能统一吗？丝绸之路曾经是亚洲的主要贸易路线，现在却淹没在历史的黄沙中任人评说。这条昔日繁华之路上的许多城市已不复存在。

未来的城市离不开人工智能及无人驾驶。那时，整个城市将被重新设计，无人驾驶汽车将与公共交通设施相辅相成。步行街和长廊将成为品质生活的展示地。停车场变少，绿色空间变多，空气变得更清洁。那些没有智能化、没有进行人工智能设计的地方可能会被淘汰。而无人驾驶汽车正在道路上飞速前进。

克服重力

从纽约市到达波士顿需要 26 分钟，而从迪拜到阿布扎比只需 12 分钟，从洛杉矶到拉斯维加斯只需要半小时。这些是 Hyperloop 带给我们的可能性：以超过 965 千米的时速滑行。

Hyperloop 是一种在抽真空后的行车管道中利用磁悬浮技术快速推进"胶囊"的交通技术。"胶囊"用以载人或装货。密封管道抽真空后，可实现零摩擦的运行环境。由于"胶囊"悬浮，因此很容易在管道中加速运行。这就像在建筑物内用老式的气动滑槽传送邮件一样，尽管 Hyperloop 在技术原理上有很大不同。

著名企业家埃隆·马斯克（Elon Musk）推广了 Hyperloop 的概念，现在已经出现了数个版本。"Hyperloop 由真空管道和胶囊组成，胶囊可以在整个管道中低速或高速行进。胶囊靠压缩空气和气动升力悬浮在气垫上，通过安装在轨道上的磁性加速器（线圈）加速，每个胶囊中都装有可以感应磁性的转子。乘客可以在位于管道两端或沿途车站进出 Hyperloop。"马斯克最

初的规划、设计图和概念文本都已向公众开放。实际上，Hyper-
loop 的技术开源，意味着任何人都可以尝试并改进。

据报道，Hyperloop 的想法源于马斯克对洛杉矶到旧金山的
交通现状的失望。目前两地交通从耗时、路费、便捷性都让人
很不满意。Hyperloop 旨在改善这些不足，提供一种廉价、快捷
的交通方式。Hyperloop 的另一个好处是全天候运行，不受天气
影响。使用太阳能电池板的 Hyperloop 可以自行充电。

但是，Hyperloop 需要"开挖"地球，在两个站点之间挖洞
架桥铺设行车用的管道。

相对于乘机过程繁琐的飞机、速度相对较慢的火车、时刻
遭遇拥堵的汽车，Hyperloop 提供了理想的运输方式。

当然，Hyperloop 技术也有不足。将"胶囊"固定在亚音速
管道内，并以每小时数百英里的速度输送是一个技术难点。能
否获得建设管道的土地是另一个难点。投资也需要克服。技术
安全和乘客安全也面临一些挑战。尽管如此，Hyperloop 将以前
所未有的速度改变人类的出行方式。它为人类提供了除了汽车、
飞机、轮船和火车之外的第 5 种运输方式。

正如马斯克所说："要搞清楚真正的远程运输是什么，目
前超快交通的唯一选择是在地上或地下建造一个管道，这显然
很酷。"

也许未来的交通趋势是 Hyperloop 式的远程运输呢?

飞行汽车

当我们展望未来时常常会提及过去。《杰森一家》是一部 20 世纪 60 年代初期在美国和加拿大放映的动画片，片子里的一些场景仍经常被人提起："住在空中，乘飞行的汽车出行。"

Google 公司的拉里·佩奇创立和投资了基蒂·霍克（Kitty Hawk）公司。名字源于当年莱特兄弟曾经在北卡罗来纳州的基蒂霍克试飞了最早的飞机。佩奇的基蒂·霍克公司主要研发能飞行的汽车。

这家低调的公司这样描述自己的使命："1903 年，莱特兄弟在基蒂霍克海滩试飞成功，这是人类第一次飞向天空。如今在加州，我们正在继承他们的使命，为制造出新一代的家用飞行器而努力。"

它开发了多种型号的电动飞机原型，旨在将普通社区转变成个人机场。

Cora 是一种空中出租车式的小飞机，可以像直升机一样起降，无需跑道。屋顶和停车场之类的空间都可以作为降落场地。此外，人们不用学习如何驾驶 Cora，它配备了自动飞行软件，乘客只需要坐好即可。

Flyer 是基蒂·霍克公司开发出来的另一种私人飞行器。它

◎基蒂·霍克公司研发的空中出租车 Cora

身手敏捷，可以在水上和开阔地带用于娱乐。公司声称，在几个小时内你就会爱上它，体验到自由飞行的乐趣。

Flyer 是全电动，由可再生能源提供动力，因此不存在碳排放的问题。

基蒂·霍克公司所依赖的技术类似于无人机技术，不过飞行器后部有一个螺旋桨可以使其前进。谷歌无人驾驶汽车部门前负责人、领域先驱塞巴斯蒂安·特伦是基蒂·霍克公司的首席执行官。因此一开始的研发重心是无人驾驶的空中出租车。

如果没有道路的限制，世界交通会怎么样？街道和公路可以重新变回绿地让万物自由生长吗？

最终，未来可能会回到从前的样子。

第16章

未来城市

全球温度每升高1℃都会引发灾难性后果。上升
1.5℃，地球将经历撒哈拉沙漠般的热浪。升高
3℃，亚马孙雨林将崩溃，冰川会迅速消融，而森林
能够在变得温暖的北极生长。在不减少碳排放的情况下，地球
温度会进一步飙升，那将是世界末日的场景：城市中充满了雾
霾和污染，传染病暴发，淡水由于干旱而匮乏，粮食短缺，交
通严重拥堵，海洋生物灭绝，极端天气持续发生，暴风雨非常
强烈，洪水把人赶到内陆地区，缺乏资源的地区面临毁灭。

联合国政府间气候变化专门委员会最近指出，除非在2030
年之前将碳排放量削减45%（这几乎是不可能的任务），否则全
球温度就会有1.5℃的上升。这意味着人类必须适应未来的残
酷生活。我们将被迫适应新的、更严酷的自然环境，并寄希望

于通过技术开创出宜居的城市。城市规划师、建筑师和开发商
需要重新设计城市的景观和服务。

在阿拉伯联合酋长国首都阿布扎比，已经开始启动这样的
设计。著名建筑师诺曼·福斯特勋爵（Lord Norman Foster）为
未来的城市做出了原型设计。这个称为马斯达尔（Masdar City）
的城市，预计在 2025 年完工。6.5 平方千米的区域预计将承载 5
万居民和 1500 家商铺。迄今为止，已有 2000 人搬进去生活。可
以称他们为未来居民或气候殖民者。他们生活在阿拉伯沙漠的
极端环境中，但是这个城市中却生机勃勃。空气、水、能源和
食物都经过了处理和设计，使得这里的生活非常便捷舒适。建
筑物的方位考虑到了阳光高度和角度，以保持温度恒定。智能
窗户捕获了太阳能并将其聚集到地下室的电池中。通风系统带
来了凉爽的风。不需要电灯开关，天窗提供自然光，必要时自
动感光器会打开 LED 灯。水循环系统提供着淡水。垂直农场的
农田和温室生产了当地所需的食品。整个城市都已连接到了因
特网。电动巴士将人们带到各个站点。公园随处可见。

马斯达尔是全球唯一专门开发，旨在减轻人类对自然环境
的破坏并充分利用太阳能的城市。这个城市希望能够让其他地
方的人得到灵感，复制这里的工程和设计，或测试一些新能源
产品。

马斯达尔实际上是一个公司名称。它是阿布扎比政府的
Mubadala 投资公司的子公司。马斯达尔成立于 2006 年，旨在推

动阿布扎比及世界各地的清洁能源创新。对于石油出口国阿联酋来说，这是联结世界和超越石油产业的重要纽带。各种石油储量的调查让人相信，再庞大的石油储量总有一天也会被耗尽。

因此，马斯达尔城作为高科技的试验场和可持续发展中心就成立了。它的任务之一是测试可再生能源的商业可行性。

◎马斯达尔的城市规划

为了使马斯达尔从图纸变成现实，福斯特和他的 Foster +

Partners 建筑事务所被选中。福斯特在全球开展过多个大型项目，是当代最有声望的建筑师之一。他曾荣获普利兹克建筑奖，这是建筑学领域的最高荣誉。他与史蒂夫·乔布斯在加州库比蒂诺建立了苹果公司的园区。他还有众多其他引人瞩目、融合了高科技与可持续技术的项目。他最引人注目的建筑设计是位于伦敦的 Swiss Re 大楼，通常被称为"小黄瓜"（看起来确实像黄瓜）。

福斯特 80 多岁，很有绅士风度，依然活跃于国际建筑界。在美国度过了一个夏天之后，他在伦敦的办公室回答了我的问题。福斯特说，马斯达尔项目之所以特别是因为，"它使我们能够实现一个环保生活社区，里面汇集了建筑界 20 世纪 60 年代末期以来一直思考的可持续性问题。我们很荣幸能够与有远见的客户合作，突破界限提出假设，并思考在没有化石燃料且仅靠太阳能供电的情况下人类未来的生活方式。"要做到这一点，实现 100% 依靠太阳能，马斯达尔尚有一段路要走。这座城市是大胆的、创新的、未来主义的，同时有着传统的美学元素。

这里刚刚发生过一场较大的沙尘暴。能见度很低，看不到远处的物体。马路、人行道、大楼等设施到处都是灰尘。马斯达尔就是诞生于这种泥土、石头和钢铁的混合物中，实际上原来它是阿布扎比郊区的一个绿洲。阿布扎比现在大力采用可持续发展技术，周边是富豪们居住的卫星城，石油贸易的丰厚利润是他们的后盾。

阿布扎比机场旁边的小路上有一个小标志——马斯达尔，表明存在着这个地方。但没有什么其他线索告诉你这个未来城市在哪里。我在阳光灿烂的夏日早晨来到马斯达尔，看到了很多住宅：六层楼高的白色建筑，白色地板中夹杂着不规则的彩色地砖，每个房间的窗户又高又窄。这些住宅是马斯达尔科技学院的学生宿舍。学生们将在未来发挥他们的才干，他们学习可持续领域的科技，被鼓励进行技术创新。

建筑工地无处不在。建筑工人穿戴着安全帽和橙色背心在地基中干活，工头拿着展开的建筑图纸，对照着工地确认进度，图纸有点破旧。尽管温度高达 43.9 ℃，但这座城市的工人、学生、行政人员和侨居人士对可持续性技术充满了期待，希望可以普及到千家万户。

停车场已满，外墙被遮盖，避免阳光照射到车辆。停车场边上的浅色人行通道亮光闪闪，走上一小段楼梯，就从停车场来到较暗的大楼入口。大楼的地下空间彼此连通着，有凉爽的空气吹过，你可以从一个单元走到另一个单元，不用忍受室外的阵阵热浪。这里的炎热基本上不会影响到你，虽然出门一小会就感觉像在佛罗里达的炎热天气里走了一遭。要避免长时间待在室外的高温中，它会吞没你，使你窒息。

马斯达尔不是一个大城市。它只是一个社区，类似大学校园而不是商业中心。马斯达尔设计团队负责人克里斯·万说，"城市"这个名字由于翻译不当而被误会已久。阿拉伯语中同一单词有城市和社区两个意思。这里的居民确实有很强烈的社区意识，人们朝着相似的目标努力，营造一个未来的环保生活典范。

当然，并非马斯达尔用的所有技术都可以移植到其他地区。地球上的环境多种多样。福斯特说，对于城市的规划设计没有万能的解决方案，而文化和地理区位让每个城市显得与众不同。例如，纽约或伦敦的贸易、文化和习俗与马斯达尔的并不相似，但是都可以采用其可持续技术、规划和产品。

德国企业集团博世公司生产了从电子设备到厨房用具的多种产品，这家公司在这里试用了名为 Climotion 的解决方案。该技术利用人工智能来优化暖通系统，使空调和通风更加高效、节能。最高可以节省 30% 的能源，大大减少了二氧化碳的排放。窗户上也安装了博世公司的高科技产品——电致变色玻璃或智能玻璃，可以根据太阳光的强度变色，转变为透明或不透明。在购买建筑材料时会考虑其生态问题。例如，屋顶上用锌板是因为它耗能少并且可回收，木材用在一些结构中是因为它是可再生资源。建筑物的形状也很重要，这里的图书馆建成了棒球帽状，因此侧面阳光照射较少，光线和空气可以在底部流入。

打造一个新城市的直观感受是，首先要保持一个风格统一的外形。这样各个建筑物看着才有章可循。马斯达尔的建筑物为大小不同的两种正方形。西北—东南是街道的主要方向，这充分考虑了阳光、阴影、常年风和步行因素，根据当地的环境特色因地制宜。

整个地方为红色调。在建筑材料中掺入当地的沙子，看起来像烧过的黏土。街道由多孔材料铺成精美的马赛克图案，上面有肉眼看不到的缝隙，用于渗水。鲜艳的砖红色大楼高耸入云。多数建筑物只有几层楼高，屋顶上有太阳能电池板。阳台弯曲繁复，远端有门廊，看着就像一件艺术品。阳台一侧是墙，靠远端的门进出。空气可以在这种繁复的形状中自由流通。这是古代波斯风塔的特征，充分利用微风和阴影带来凉意，捕获并混合着流动的空气。

建筑物的楼间距很小，这样它们之间的街道或小巷中就会产生阴影。在没有空调的时代，古老的沙漠城市就采用了有智慧的建筑设计。人类用智慧克服了恶劣的自然环境。

福斯特在这里花费了数月时间调研附近的古城，看当地建筑如何适应自然环境。他从古代建筑师那里汲取灵感，这些先人打造了一批超越时代的建筑。马斯达尔具有宜居和坚韧的特点，这是一个让人能在极端气候里生存的地方。

"气候变化是一种影响全人类的现象，每个人都对它负有责任。据我们所知，马斯达尔是世界上唯一一个通过太阳能探索维持社区全天候运转的地方。它也是一个能源密集的科研设施。"福斯特说。

从历史上看，大自然一直威胁着人类生存，特别是在沙漠、山区、丛林和大洋等地方。福斯特明智地从当地社区学习经验。

这些社区长期应对着当地的恶劣天气和严苛的气候的考验，生存至今。

"现在借着电力，你只需轻轻按下开关就可以活得很好。但我们需要借鉴历史，掌握当地社区如何克服极度恶劣的沙漠气候。从当地传统建筑来看，它们倾向于保持紧凑的楼间距以利用建筑物的阴影来遮蔽街道。他们善于捕捉微风，将风引流到沙漠地面，向上吹拂。当你在这些社区中散步时，您会发现阴影、室外空间、绿色植物、蓄水池结合在一起，通过蒸发水分保持室内凉爽。当你进入传统民居内部，你会发现与数个风塔相连的更大空间，它们捕捉到凉爽的微风，然后将凉风吸入房间中。民居营造出高度私密的空间，室内装饰美丽非凡，这些细节还可以进一步描绘和演绎。

"马斯达尔的这些传统经验非常独特，就像历史悠久的其他沙漠居民区一样，千百年来它给居民提供了很好的保护。这里保持着独特的遮阴方式、淡水供应和社区亲密体验。所有这些村镇'看似落后'的特质，我们在建设新城时可能会加以采用。例如，实验室墙壁中使用的高度绝缘的四氟乙烯壁毯，以及为整个居民区供电 10 兆瓦太阳能的电厂，实现了传统美学与现代技术的结合。这些建筑物将创新技术与传统方法相结合，衍生出一种新的建筑形式，既能适应恶劣的沙漠气候，同时具有现代功能。"福斯特自豪地说道。

联合国近年来开始调查全球各地的民居历史。联合国减少灾害风险办公室正在研究印第安文化，了解他们千百年来如何在极端的自然环境中适应并生存，建立居民区。例如，菲律宾的某些社区可以通过观察波浪的形状、海洋的气味、云朵的颜色、动植物的反应等大自然现象而预测到台风。它们还考虑了如何防御台风，比如把房子建在高处，使用耐用的建筑原料等。常年盛行的风向主导了当地的高潮水位和水淹区域。

而阿布扎比的原住民密切关注太阳、沙丘、风和水源。建筑设计不仅要考虑气候历史，还要考虑未来的天气演变。

克里斯·万说，他的小组将福斯特的设计细节进行了通盘考虑。他们用系统思维进行工程设计，以更好地解决实际问题。他说："高性能建筑从一开始就是一个系统性的设计过程，必须兼顾美学、舒适性以及可用的资源。"

在过去的 10 年间他深有体会，智能家居、创新和技术往往会受限于一件事——是否规划在先。万说："真正的经验不是你所看到的，而是经历过的。"

城市设计涉及的学科很多，包括建筑工程、景观设计、室内设计、照明、声学等，是一个相互协作的过程。其中最大的障碍是，如何用多个学科的核心原理进行相互引导，使每个人步调一致。

马斯达尔围绕三个大的方面来构建：环境，社会和经济。所有项目都必须考虑到成本，否则将无法实施。这将产生可移植的建筑和设计原型，而不是建筑事务所训练新手的练兵场。

万说，绿色建筑一直有 5%~15% 的溢价。人们认为绿色建筑会花费更多，但是马斯达尔的建筑预算与传统设计相同。他说，这是挑战行业规则的方式。这就是他为什么要强调"规划在先是关键"。

马斯达尔是一个以人为本的城市，没有忽视步行者。设计时会考虑气候因素。例如，到市中心的距离和居民楼的间距，是根据人开始流汗之前能走多远而算出的。

在过去，建筑物墙壁很厚（用于隔热），而窗户很小（用于阻挡灼热的阳光）。而现在创新性的设计沿用了这些策略。万说，这里的建筑物的门窗面积与墙体面积之比在 30%~40% 之间，比例过低，室内将很暗，过高，热量入室太多。施工工艺也整合了现代科技和传统知识。选择合适的建材也很关键。如前所述，锌和木材具有各自的属性，选取建材时需要考虑其是否来自当地，货物运输必须考虑碳排放和碳足迹，长途运输可能耗费很多能源。因此，马斯达尔尽可能使用可再生混凝土，但是当地供应不足，还是需要远程运输一些。

马斯达尔用低流量模式来管理生活用水，同时也在尝试进行蓄水。例如，从空调中收集的冷凝水进入再循环。这里已经开展了灰水回收和废水回收。灰水是水槽、淋浴器、浴缸和洗衣机等用过的生活污水，废水是工业污水。

万指出，这些都是简单可行的技术，全世界的环保人士普遍在用。马斯达尔正在寻求可以更好地存储和恢复淡水的技术，乃至制水技术。其他环保实践还有回收建筑废料，节能减排等。这意味着要减少不必要的需求并利用可再生能源。万表示，这就是为什么建筑物本身要节能环保，其他技术再逐步加进来。

为了在可持续技术的 3 个要素（废物、水、能源）上实现节能减排，万和他的团队先设计了一个传统建筑，然后一项一项地进行优化。万说，找到问题是最难的部分，进行设计相对容易。通过这种方式进行预规划，先创建一个蓝图，建筑师在蓝图上规划空间，再使其适应特定的沙漠环境。这种策略下做出的设计往往是从实地出发，而不是闭门造车。

这也符合福斯特的设想。"马斯达尔实验室正在研发的技术，为建筑设计提供了很好的技术支撑，我们的总体规划可以灵活地兼容各种新技术，"他补充说，"我们还从自身项目中学习。"下一阶段将借鉴马斯达尔学院的建设经验。

随着时间的推移，这种流程化的设计模型可以结合更多的感性元素。地下交通系统就是一个很好的例子。事实证明原本的技术已被超越，因此规划也要改变。例如，现在有一种用于"流动人群"的班车，那么在道路设计时就要考虑这个需求。太阳能是另一个例子，工程师发现把太阳能电池板放在建筑物顶部，比拥有大规模电池板的太阳能电厂更高效，建筑设计就需要有所调整。另外，根据政府公共事业计划，单个房屋产生的太阳能可以转为住宅的能源信用（而减税）。这对房主而言是一个很大的福利，进而刺激更多的节能措施。

食物生产也需要通过实验不断地改进。万说，他们正在测试可持续农业，这在干旱的沙漠中是一项艰巨的任务。垂直农业将发挥不同作用：马斯达尔正在研究如何把垂直农业的技术用于培植绿化墙和遮阳设施。"我们试图一箭双雕地解决问题。"

马斯达尔计划在一到两年内完成食品安全计划。

福斯特说，设计出灵活性的城市以适应时代变化非常重要。"马斯达尔的规划故意设计成开放性的，并希望将来采用更多可调整的技术。它展示了一种策略：与自然合作，向传统学习，利用环保技术创建可持续的未来城市。"他说。

但是行得通吗？

万绕着一张大桌子观察着上面的马斯达尔城市模型：缩微建筑、道路、公园和公共区域等。我们位于其中一座大楼的地下一层，但有落地窗和门通往外部和地下广场。由于缺少直射的阳光，这里温度凉爽宜人。已过时的初代无人驾驶汽车停在门外。

办公室的色调、水洗石墙面和其他装饰看着有点乏味。隐去无人驾驶汽车，这个办公室可以放在全球任何地方的园区中。但这是在沙漠中，一个有异国情调的地方，西方的环境感设计越来越被认可和接受。

万是一位活泼的发言人，戴着眼镜，瘦瘦的，对项目充满热情。他来自香港，对香港拥挤狭小的空间和建筑设计深有感触。香港是地球上最拥挤的城市之一，1072 平方千米的面积挤满了 700 多万人。这样算来，每平方千米土地上有 7000 人。

另一位著名的建筑设计师威廉·麦克唐纳也来自香港。他说，在香港成长的经历影响了他的环境观。麦克唐纳发明了"从摇篮到摇篮"的概念，具体就是从可循环和可持续性的材料起步，使制造的每种产品或材料都可以重复性地使用或制成别的东西。从摇篮到摇篮，而不是从摇篮到坟墓。万说，当麦克唐纳访问马斯达尔时，因为相似的香港经历让他们成为好朋友。"减少，再利用和回收（3R）"这一俚语流行于香港并不奇怪。这里资源匮乏，每天有大量生活物资需求。

生活拥挤且依赖于城市外部的资源，不论喜欢与否，这是人类未来的主要境况，是绝大多数人的生活方式。人类利用自然资源来满足日常所需，有时会有一些技术创新。气候创新能否奏效将取决于时间，以及我们应对气候变化的行为，以及为此付出的努力程度。

从头规划建设一座未来城市是一生难得的机会，福斯特深知这一点。这是他决定深入参与马斯达尔项目及后续建设的原因。他根据自己的愿景来规划未来，既感恩又充满希望，而且善于反思。他总结了自己多年的经验，得出了一个与他众多作品一样优雅的结论："我最近的公开演讲对未来城市提出了一些见解和结论。未来城市要考虑纽约、伦敦和旧金山 50 年后的样子。它们是环保的、令人愉悦的、灵活的，它们以人为本，而不是以汽车或基础设施为本。"

"我经常指出，这些未来图景曾经在我青年时代的科幻小说中出现过。这不是一厢情愿或幻想。举例来说，我曾向人展示一些过去的照片：本地图书馆、电影院、照相机、打字机、电话、信箱等。但我们能想象到所有这些资源和建筑里的内容和功能可以压缩到一个手握的设备——智能手机中吗？"

福斯特提到的这一点难能可贵。从当今出发构想我们的未来很有必要。适应气候变化的时间跨度正在缩短，我们面临着新的现实。作为拥挤的、集体生活形式的城市，必须引领大自然的重生之路。

我们再也不会回到野性自然的世界了。城市中的混凝土森林——地球上多数人口的居住形式确保我们回不去了。但是，这并不包括以发明和创新为主导的新生活，这些发明可以让人类顺应自然的力量。

福斯特年轻时可能从未想象到智能手机。我们能想象出未来的智能世界吗？希望这本书使我们发掘出未来的多种可能性，并对扭转气候变化的局势有所帮助。

Google 的智慧城市

在安大略湖湖畔，Google 正在建设数字时代的第一个城市，所有的设计和建造都在互联网上预先演绎一遍。

项目从设计多伦多的一个社区开始，但最终可能会越做越大，打造一个不同于现在城市的生活环境。

根据该项目的官网描述，多伦多的"Sidewalk"项目将结合有远见的城市设计和最新的数字化技术，创建以人为本的社区，实现领先的可持续性、可负担性、可流动性的城市环境，并创造新的商业机会。

Google 的母公司 Alphabet 持有 Sidewalk 实验室。Sidewalk 的使命是利用技术解决大城市面临的诸多挑战并改善城市生活质量。本书第 10 章介绍过"智能城市"的概念。Sidewalk 的创立灵感来自"911"袭击之后纽约金融区的复兴；创新和希望重新点燃了该地区的活力。

在多伦多湖滨的项目是加拿大政府和该市领导人在千禧年或之前就开始酝酿的一个工程。之前那里基本上是一个废弃的工业园区。

Google 的参与将使这个工业园区起死回生。据媒体报道，谷歌的创始人拉里·佩奇和谢尔盖·布林希望能够从头开始建设这个园区。由于气候变化的影响，各国需要建设新型的、可持续的城市环境。这为公司带来了机会。

可持续发展是这个项目的核心理念。能源、废物处理和其他环境挑战将通过技术来解决，并鼓励保护生态环境的做法。这样就需要调动居民广泛参与；大家做什么以及如何做是重点。

项目很大一部分与传感器、算法和人工智能有关。先采集社区动态、生活习惯和日常服务方面的数据，然后用数据提升效率。交通运输是最简单的例子。若每天在同一时间同一地点上下班，你的应用程序（App）中就会弹出最佳交通建议。便利性和效率被放在首位，有轨电车、自行车和无人驾驶共享汽车都将成为项目的一部分。出于低碳经济的考虑，汽车出行的优先级被降低。自适应交通信号灯将在交通管理中发挥重要作用。生物识别技术将有助于确保道路安全，将来老弱人士无需协助就可以过马路。生物特征扫描能够分析行人的步态、步伐及其他特征，以确定他/她是否需要更多时间才能穿过马路。交通信号灯将自动适应这方面的变动。

而且，随着交通效率的提高，道路看起来可能会有所不同。Sidewalk 公司的一位高管解释说：如果停车需求较少，那么可以取消路边停车位，街道可以改成步行街，步行街也可以变成公共广场。这为打造绿色空间带来很多潜力。

包括项目中的湖滨区域在内，总体目标是建设一个宜居的生态环境。这意味着建筑物可能会做成被动式的结构，节能高效，无需太多能源。被动式建筑往往采用绝热材料和智能建材。安大略湖是天然的空调，另外有地热资源可以供暖。甚至一些生活垃圾也可以作为能量来源，如转化为甲烷。理想情况下垃圾带有扫码标签，方便自动分类及回收。

在数字化的基础设施上构建城市，需要安装摄像头、传感器、标签系统等，从而累积越来越多的管理数据。这对 Google来说无疑是一项能够发挥优势的工作。当然，我们是否选择科技公司而不是民选官员来管理城市是另一回事。

NEOM：后石油时代的城市

NEOM 项目是沙特阿拉伯试图摆脱石油依赖来确保其世界地位的尝试。NEOM 是一项耗资五万亿美元的城市项目，旨在建设一个融合最新科技和创新的舒适城市。项目不仅要创造一个全球最先进的城市环境，而且要使沙特阿拉伯具有引领未来的力量。这是一个极具魄力的尝试。沙特自称这是"世界上最雄心勃勃的项目：全新的生活乐园，全新的生活方式"。

沙特阿拉伯表示，NEOM 将作为一个特区存在，按照税法和劳工法独立运作。这座示范城市的规模超过 2.6 万平方千米，是规模空前的可持续性蓝图，将创造性地打造一个人类文明的新时代。从送货上门到照顾病弱人士，机器人将在城市建设和后续的城市服务领域发挥积极作用。人工智能、3D 打印、虚拟现实、智能设备和物联网（IoT）等技术都将应用起来。

NEOM 看起来肯定会很酷，艺术家做出的模型显示了闪闪发光的玻璃幕墙建筑和摩天大楼，背景有较小的白色建筑，周围环绕着绿地、桥梁和河流。

NEOM 项目重点建设 16 个领域：能源、淡水、食品、生物技术、制造业、技术装备、交通、体育、旅游、娱乐文化和时尚、媒体、设计和建造、服务业、健康与福利、教育、宜居环境。NEOM 位于沙特阿拉伯的西北角的塔布克地区，这里离约旦的边境很近，与红海对岸的埃及隔水相望。未来这里将变成一个后现代和未来主义风格的城市。

如果这座城市的建设按预期进展顺利，那么未来很快就会来到：NEOM 的开放时间是 2025 年。

结 论

回到本书引言中的问题："人类能用自己的创新能力和先进技术来改变自然进程吗？"这已经在前面的章节中得到了解答：我们可以。

接下来要做的就是：树立推动这些创新、实验和技术进步的意愿，重新回到有关气候变化的讨论中。长期以来，气候变化方面的信息一直令人悲观，让人感受到挫折、绝望、愤怒和世界末日。"除非我们做点什么，否则我们都会死"的呼吁少有人回应。2018 年全球碳排放量再创历史新高，目前还在上升。应对全球变暖诉求并没有转化为必要的行动。这些呼吁体现在数十年的科学预警、演讲、出版、新闻报道、博物馆展览、政治运动、国际气候变化议定书和联合国会议中。我们读到的、看到的、听到的所有内容都在传达着相同的含义：要么转向更环保的做法，要么自取灭亡。然而，并没有改变。

媒体上宣传的还是那些千篇一律的措施：拥抱可再生能源，减少化石燃料的使用，更简单、节能地生活。除了产生更多的政治喧闹之外，没有什么令人耳目一新的东西了。

人们仍然持有这个信念：一旦了解了自己对待环境方式的错误做法，他们就会做出修正和改变，变得更加环保。寄希望于人们能够做出牺牲并放弃自私自利，这一点靠不住。我们吃垃圾食品、喝不健康饮料、明知致癌还吸烟，长期忽视医学健康指南。多数人并不在意活得更健康一些。如果人们对待自己身体都是这个样子，那么对于他们眼前看不到的环境问题（如二氧化碳的排放）他们会怎么看？对于那些将来的环境问题（如海平面上升）怎么看？

可立即发挥成效的地球工程和技术都未受到重视。我开始相信，人们为什么害怕做出改变，因为人类天性警惕陌生的事物。

1796年，当爱德华·詹纳开发出第一种人类疫苗（用于预防天花）时，即使证明安全有效，许多人仍然拒绝使用该疫苗。他们担心感染或死亡。对于地球工程和旨在控制自然环境的技术来说，情况也是如此。我们对大自然的破坏太多了。

若将气候变化命运交给商业和金融机构，人们对此持怀疑态度。这些机构愿意承担新技术的投资风险，但遭受怀疑是难免的事情。

这本书是对发明家和投资者的号召，他们是社会的改变者。政府因其自身体系不适合作为技术领导者。而私营机构已经到太空中开拓新领域了。这个机制若行之有效，就可以营造利于人类的宜居气候，并且有助于摒弃目前政府组织间关于碳排放的激烈争端而走向实质性的合作。

如果处在气候变化的最前沿，那么你会感到非常沮丧。极端天气变得越来越严重，并导致更多人丧生；公共卫生面临更多挑战；更多的气候难民失去家园。由于不愿改变生活习惯和一些不环保的传统做法，我们的自然环境受到越来越多的威胁。

本书中提到的技术是我们应对和逆转气候变化的最大希望。我们应该以各种方式降低这些技术的风险，但我们不应该限制利用这些技术。

联合国环境大会正在审查和制定地球工程的实验规则，以阻止进展中的气候干预工程。有人认为这完全是要遏制气候工程的进展，美国和沙特阿拉伯反对对地球工程的监督议案。这引发了支持和反对地球工程的两个阵营。反对地球工程的人说，这破坏了各国减少碳排放的努力：如果"银弹"式解决方案比比皆是，那么节能减排将停滞不前。支持地球工程的人说，人们采取的一些预防和缓解气候问题的环保做法，要么是失败的，要么收效甚微。

环保的大钟已从最右边摆动到了最左边，从否认节能减排方案无效到否认没有快速修复环境的技术，都是为了改善我们的自然环境，双方的争论还会持续下去。这意味着草根活动家应继续鼓励人们"日行小善"来保护环境，而政策制定者应继续制定措施鼓励节能减排和相关做法。同时，科学界和商业界需要更紧密地合作，向市场推出可靠的环保产品和项目，减少我们对大自然的破坏。我们越早地认识到地球——我们的共同母亲生病了、并且无法照顾自己，我们就能越早地介入，帮助她康复。靠自然自身恢复，无效。

医学上的疫苗使人类免于大规模的死亡。我认为，地球工程和环境技术也是一种疫苗，能够防治地球的疾病，是时候"打针"了。

致 谢

　　我要感谢很多人，他们使本书得以顺利问世。在本书未开始写作之前，只是一个想法，有时候这个想法甚至并未成形。当然有的人对自己的书该如何写很清晰，但是有时候一本书可能因为故事不清晰而不得不放弃。在此首先要感谢一个人，我长期以来的文学经纪人苏珊·莱霍夫。她催生了这本书，与我一起回顾了我之前的写作和本书的内容与写作框架，直到清晰为止。我非常感激她。通常当我写完一本书，我们会在纽约联合广场的蓝水烧烤店共进午餐，喝一两杯葡萄酒来庆祝。可惜那家餐厅关门了。取而代之的是，好运占了上风，我们碰巧在伦敦碰上了面，然后就去了 The Punch Bowl 酒馆里干了一杯。现在开始寻找下一个纽约酒馆，为了下次的庆祝。

　　这本书并未按调研的时间顺序编排，不过第 1 章确实是我最早调研的。让·皮埃尔·沃尔夫与他出色的同事路易吉·波纳西纳给了我很多鼓舞：人类对气候的改变是一个伟大、动人的故事。对沃尔夫的采访成为我完成书稿其余部分的动力。

　　我还要感谢所有在忙碌的工作中抽出时间与我交流的人。

在许多情况下，他们是我的导游，特别是乔纳森·帕弗里、克劳斯·拉克纳、乔根·奥莱森、罗恩·斯托蒂什、克里斯蒂安·科里曼、克里斯·万、亚当·博斯和吉姆·赫伯格，向他们表达我最诚挚的谢意。

还有公共关系主管，助理和合伙人，很多人帮我做了访谈的准备工作。原谅我无法展示他们的名字。但是我知道，没有他们的帮助，就不会有书中的这些故事。

多年来，我很幸运地能够在世界各地进行报道，这是本书中的某些章节的基础。回想过去，有几个特别值得纪念的时刻：坐在迪拜码头一个高层餐厅的露台上，欣赏城市的日落；在摩洛哥的阿特拉斯山脉上坐过的最痛苦的一趟车；在挪威测量斯瓦蒂森冰川时的濒死体验；丹麦北部田野步行时遇到的迷人风光。

可以肯定的是，我遗漏了很多在调研现场提供帮助的人员，包括司机、修理工、翻译，他们对我很重要，不应忘记。

还要感谢各位家人。蒂法尼·斯诺和布雷·坎宁安没有打扰我的写作，并出色地完成了后勤工作。在我出差国外时，8个兄弟姐妹让我免除了琐事烦扰，替我支付账单。尽管如此，他们一直默默支持着我，特别是当我在遥远而陌生的土地上遇到问题时，总能感受到家的温暖。10多年来当我自我怀疑时，珍妮·李总是鼓励着我："你当然可以做到。"感谢她给予我的支持和力量。

一旦完成了所有调研、实地考察和写作，便是书的编辑和出版事务。我的合伙研究员劳拉·马勒，教会我诚实；萨拉·卡德一直对本书的出版充满了信心；梅根·纽曼也是如此，在我们刚相遇时就"一见如故"；雷切尔·阿约特，非常感谢他推动着本书的写作和出版。另外，非常感谢在 TarcherPerigee 出版社和企鹅-兰登书屋工作的安妮·陈、安德鲁·奥宾、法林·施鲁赛尔、安妮·考斯莫斯基和林赛·高登。

最后，我想对科学界致敬。这些无名英雄们使得世界变得更美好，有时不得不抗击反对之声和无知愚昧。他们跨过无益的争端而研发出合理有效的解决方案。我希望我们也能够有所贡献。

图书在版编目（ＣＩＰ）数据

黑客地球：地球工程让我们重新想象未来 ／（美）托马斯·科斯蒂根著；魏玉保译. — 长沙：湖南科学技术出版社，2023.3
书名原文：HACKING PLANET EARTH
ISBN 978-7-5710-1676-0

Ⅰ．①黑… Ⅱ．①托… ②魏… Ⅲ．①气候变化—研究 Ⅳ．①P467

中国版本图书馆 CIP 数据核字(2022)第 143289 号

著作权登记号：18-2022-161
HEIKE DIQIU DIQIU GONGCHENG RANG WOMEN CHONGXIN XIANGXIANG WEILAI
黑客地球 地球工程让我们重新想象未来
著　者：[美] 托马斯·科斯蒂根
译　者：魏玉保
出 版 人：潘晓山
责任编辑：邹　莉　刘羽洁
出版发行：湖南科学技术出版社
社　　址：长沙市芙蓉中路一段 416 号泊富国际金融中心
网　　址：http://www.hnstp.com
湖南科学技术出版社天猫旗舰店网址：
　　　　　http://hnkjcbs.tmall.com
邮购联系：0731-84375808
印　　刷：湖南省众鑫印务有限公司
　　　　　（印装质量问题请直接与本厂联系）
厂　　址：湖南省长沙市长沙县榔梨街道保家村
邮　　编：410129
版　　次：2023 年 3 月第 1 版
印　　次：2023 年 3 月第 1 次印刷
开　　本：880mm×1230mm　1/32
印　　张：9.75
字　　数：189 千字
书　　号：ISBN 978-7-5710-1676-0
定　　价：58.00 元